FRANÇOIS ARAGO

OUVRAGES DU MÊME AUTEUR

en matière d'économie et de morale.

Les populations ouvrières de la France. — *Esprit, Mœurs, Travail, Salaires.* 2 vol. grand in-18. Prix. . . . 7 fr.

L'industrie contemporaine, ses caractères et ses progrès chez les différents peuples du monde. 1 fort vol. in-8°. Prix. . . . . 8 fr.

Les ouvriers en famille. Ouvrage couronné par l'Académie française et par la Société pour l'instruction élémentaire. Quatrième édition. 1 vol. in-32. Prix. . . . . 1 fr.

L'industrie française après la Révolution de Février. 1 vol. grand in-18. Prix. . . . . 1 fr.

De l'organisation du travail, ou examen des divers systèmes qui se sont produits en 1848. 1 vol. grand in-18. Prix.. . . . . 2 fr.

Paris. — Imp. de Mme Smith, rue Fontaine-au-Roi, 18.

FRANÇOIS ARAGO

SON GÉNIE ET SON INFLUENCE

CARACTÈRES DE LA SCIENCE AU XIX⁰ SIÈCLE

PAR

A. AUDIGANNE.

—◦§◦—

PARIS

GARNIER FRÈRES, LIBRAIRES-ÉDITEURS

6, rue des Saints-Pères et Palais-Royal, 215.

1857

FRANÇOIS ARAGO

SON GÉNIE ET SON INFLUENCE.

CHAPITRE PREMIER.

Idée générale de la vie et des travaux de François Arago (1).

I. Le temps n'est pas encore arrivé où la science pourra dire son dernier mot sur le rôle de François Arago. Des impressions diverses, trop récentes et trop vives, s'y opposent. Une telle appréciation demandera, d'ailleurs, le concours de plusieurs talents. Dans l'étude qui va suivre, nous n'avons pas eu l'idée d'empiéter sur la tâche que l'avenir réserve aux hommes d'une compétence tout-à-fait spéciale ; mais en attendant un arrêt impartial et solennel, il y a un intérêt manifeste à rechercher, et, au besoin, à rétablir les traits essentiels d'une des plus grandes figures scientifiques de l'époque. Certains aspects très-curieux sont restés jusqu'à ce jour à peu près inaperçus. Cette étude offre

(1) Les appréciations contenues dans ce volume ont été déjà sou-

d'autant plus d'importance, qu'elle peut à la fois four-
nir des enseignements pratiques, utiles au temps ac-
tuel, et servir à mettre en évidence les caractères les
plus généraux de la science au dix-neuvième siècle. Un
tel cadre est assez vaste par lui-même; il convient d'en
écarter les éléments politiques, propres à le compli-
quer, éléments qui ont eu sans doute leur influence
sur la vie du savant, mais qui n'occupent qu'une place
extrêmement restreinte dans l'ensemble de ses œuvres.
Son rôle scientifique a, d'ailleurs, une physionomie singulière; malgré l'étonnante variété des sujets qu'il embrasse, il est homogène au moins quant au but indiqué :
l'expansion de la science. On ne saurait maintenir trop
soigneusement cette homogénéité.

II. Constatons d'abord que toute la partie vraiment
active de la vie d'Arago se renferme avec une rigueur
en quelque sorte mathématique dans la première moitié
de notre siècle. C'est durant ce laps de temps que le
savant s'est formé, qu'il a rempli sa tâche et conquis

mises au jugement du public dans les colonnes du *Moniteur universel.*
L'accueil si favorable qu'elles ont reçu, nous a fait demander à
l'auteur de les réunir en volume. Il les a revues avec soin ;
il en a remanié diverses parties et développé plusieurs autres. Il
avait, d'ailleurs, reçu à l'avance communication des divers fragments
des œuvres d'Arago qu'il lui importait de connaître, et qui ne sont
pas compris dans les volumes déjà publiés de la collection complète.

(*Note de l'Éditeur.*)

ses titres impérissables. Né le 26 février 1786, à Estagel (Pyrénées-Orientales), François Arago entrait à l'École polytechnique en 1803, et il est mort, à Paris, le 2 octobre 1853.

Son essor dans l'arène de la science fut des plus rapides. Dès l'année 1804, nous le voyons, détaché de l'Ecole polytechnique, passer à l'Observatoire en qualité de secrétaire. En 1806, il reçoit du gouvernement la mission d'aller en Espagne, conjointement avec M. Biot, pour prolonger la méridienne de France jusqu'à l'île de Formentera. Après l'accomplissement de cette mission, à un âge où un très-petit nombre d'hommes ont commencé sérieusement leur carrière, à vingt-trois ans, Arago entrait à l'Académie des sciences; il y entrait sous le patronage des notabilités de cette illustre assemblée, qui comptait alors dans son sein Lagrange, Monge, Laplace, Legendre, Berthollet, Gay-Lussac et tant d'autres. L'empereur Napoléon Ier lui-même, nommé membre de la classe des sciences mathématiques et physiques en l'an VI, figurait toujours en tête des listes de l'Institut.

Arago obtint presque l'unanimité des voix. Cependant, comme il le rapporte lui-même, Laplace avait hésité avant d'inscrire sur son bulletin le nom du jeune savant; ce n'est pas qu'il lui fût défavorable, mais il aurait voulu qu'un géomètre déjà très-connu,

Poisson, plus âgé qu'Arago, pût être élu en même temps que ce dernier. Comme la vacance actuelle avait lieu dans la section d'astronomie, il avait proposé d'ajourner l'élection jusqu'à ce qu'une vacance survînt dans la section de géométrie, où Poisson aurait pris place. Cette combinaison n'ayant pas réussi, l'auteur de la *Mécanique céleste* finit par se joindre à la majorité de l'Académie. Sans doute, au moment de sa nomination, Arago ne pouvait pas se prévaloir de celles de ses découvertes qui marquent le plus dans les annales de la science. Il possédait déjà, néanmoins, des titres scientifiques tellement sérieux, qu'il était appelé dans cette même année à remplacer Monge à l'Ecole polytechnique dans la chaire d'analyse appliquée à la géométrie. Déjà, *le plus illustre des géomètres*, Lagrange, *d'ordinaire si sobre en louanges*, suivant les expressions de M. de Humboldt, lui avait prédit d'éclatants succès. Arago avait pris, d'ailleurs, une part fort active à de nombreuses observations faites à l'Observatoire de Paris. Il avait rempli sa mission en Espagne, au milieu de difficultés réelles et parfois de dangers sérieux, avec autant de bonheur que de courage. On peut donc dire que si des amitiés puissantes aplanissaient devant ses pas les voies de l'Institut, ces amitiés reposaient sur les considérations scientifiques les plus légitimes. Il n'y avait rien là qui ressemblât à ces patronages trop bienveillants qui courent risque de gâter l'esprit de ceux dont ils exaltent prématurément le mérite.

On vit Arago élargir rapidement, par des recherches ingénieuses et des travaux utiles, la place qu'il s'était faite. Plusieurs de ses travaux étaient connus et admirés de toute l'Europe, lorsqu'en 1822 il fut nommé membre du bureau des longitudes. Un peu plus tard, en 1830, son avénement au poste de secrétaire perpétuel de l'Académie des sciences, après la mort de Joseph Fourier, vint lui assurer de nouveaux moyens d'action. « Dès qu'il parut à ce poste, a dit M. Flourens, dont nous voulons emprunter les paroles, une vie plus active sembla circuler dans l'Académie..... Les sciences semblèrent jeter un éclat inaccoutumé et répandre avec plus d'abondance leurs bienfaisantes lumières sur toutes les forces productives du pays. »

Le rôle de ce savant appartient donc bien tout entier au demi-siècle que nous avons naguère vu finir. On peut dire que, soldat infatigable de la pensée dans le domaine des sciences, Arago occupe alors presque constamment la scène. Il devient l'arbitre du monde savant. Son autorité est à peu près illimitée, tellement illimitée même qu'elle a pu quelquefois paraître trop absolue.

III. Ce milieu, si nettement tracé, où s'écoula sa vie active, fournit à François Arago d'innombrables occasions de mettre la science en contact avec les intérêts de son temps. Or, au dix-neuvième siècle, quelle que soit la sphère où elle se place, la science a pour caractère essentiel de tendre à des fins pratiques et d'y tendre pour le bien du plus grand nombre. Tel est le trait le plus saillant qui distingue sous ce rapport notre époque de toutes les époques antérieures. Jamais l'esprit scientifique n'avait ressenti de telles impulsions. Nous aurons plus d'une fois à insister sur l'intime corrélation qui existe entre les tendances signalées et les travaux d'Arago. Cette corrélation constitue, en effet, l'originalité de son génie et le principe fécondant de sa pensée. Aussi, l'étude des ouvrages du savant a-t-elle ce singulier privilège de nous montrer comment les principes de la sociabilité contemporaine ont réagi jusque dans la sphère des sciences positives. On ne saurait trop examiner ses écrits à ce point de vue ; on y peut puiser des indications qui réclament au plus haut degré l'attention du philosophe et de l'économiste.

CHAPITRE DEUXIÈME.

Sur les ouvrages de François Arago, ayant rapport
à l'application des sciences.

I.

S'il ne s'agissait, dans les travaux de François
Arago, que de science pure, que d'astronomie, de physique céleste, d'optique, de météorologie, nous n'aurions pas eu la pensée d'étudier ses œuvres en vue d'en
faire l'objet d'une appréciation générale. Mais les applications de la science y abondent; elles y apparaissent
sous les formes les plus variées et les plus curieuses.
On peut dire qu'Arago est un des savants qui ont le
plus contribué, par la simplification des plus hautes
données scientifiques, sinon à réaliser, du moins à activer le développement des applications de la science à
l'industrie. L'examen de l'influence exercée sous ce rapport par l'ancien secrétaire de l'Académie des sciences,
se liait intimement à l'objet habituel de nos études.
Voilà ce qui nous a tout d'abord séduit. Aussi, voulons-nous considérer en premier lieu ceux des ouvrages
du maître qui concernent, de la manière la plus directe, l'application des sciences. Dans cette partie de
notre travail, les théories ne nous occuperont qu'autant

qu'elles tiendront à la pratique industrielle par des liens visibles.

En procédant ainsi, nous ne nous écartons pas de cette maxime qu'en thèse générale la théorie scientifique doit diriger la pratique industrielle. Les applications diverses dont Arago a eu l'occasion de parler ne sont point des déductions de ses travaux sur les sciences spéculatives. On peut dès lors considérer isolément chacune des deux branches où s'est exercé son esprit, et on est libre de commencer par l'une ou par l'autre.

II.

Il faut s'arrêter d'abord à ces portraits si habilement esquissés, à ces *Notices biographiques* dont la lecture fut écoutée jadis avec tant de recueillement dans le sein de l'Académie des sciences, et qu'on relit avec un plaisir toujours nouveau. Il s'y trouve, à tout moment, des appréciations propres à vulgariser les données de la science et à les rapprocher de la pratique. A tout moment, il s'y produit des exemples de l'influence qu'Arago a exercée dans ce sens. Les points de contact entre ses études et les intérêts de l'industrie y sont très-marqués. Ces notices, qui forment trois volumes, sont consacrées à des ingénieurs, à des physiciens, à des géomètres, à des mathématiciens illustres du dix-huitième et du dix-neuvième siècles, par exemple à Watt, à Bailly, à Condorcet, à Monge, à Volta, à Carnot, à Fresnel, à Gay-Lussac, à Ampère.

C'est un excellent moyen, on l'a dit avant nous, pour faciliter l'étude de la science, que de la mêler au récit de la vie des hommes qui ont le plus contribué à ses développements, des hommes qui ont devancé leur siècle par leurs découvertes. Tandis que pour être en état d'approfondir les problèmes scientifiques, il faut s'y être préparé par une initiation difficile et patiente, il suffit, au contraire, d'avoir l'esprit un peu cultivé pour prendre intérêt à ce genre de questions lorsqu'elles se présentent mêlées aux efforts et aux luttes d'une existence individuelle. Ici point d'appareil scientifique qui rebute et qui fatigue. On aime tout naturellement à suivre l'essor de ces esprits puissants qui ont frayé des voies inconnues. On s'intéresse à leur destinée. S'ils ont éprouvé des traverses, ce qui est à peu près inséparable de toute carrière éclatante, on s'associe à leurs peines et à leurs déceptions plus encore qu'à leurs triomphes et à leur gloire. C'est en effet par le tableau du malheur que la sympathie est le plus vivement excitée; le fonds de la pitié dans l'âme humaine est plus inépuisable que celui de l'admiration.

La forme biographique adoptée par Arago lui a permis de rendre attachantes des appréciations qui, en

dehors du cadre où elles sont comprises, ne pourraient
s'adresser qu'aux savants. C'est ainsi qu'en exposant
les travaux de Fresnel, qui, comme on sait, sont presque tous relatifs à l'optique, il nous retrace, dans leur
suite et dans leurs manifestations, les curieux phénomènes lumineux dont l'observation a produit des résultats si éminemment utiles, en conduisant Fresnel lui-
même à l'invention des phares lenticulaires. Ailleurs,
ce sont les découvertes dues au génie de Volta, qui servent à nous rappeler le rôle immense que l'électricité
remplit dans les phénomènes physiques. Voici comment Arago procède ici, et cet exemple donne l'idée de
sa méthode ordinaire. Avant d'aborder les recherches
de Volta sur l'électricité atmosphérique, il trace lui-
même un aperçu des expériences analogues qui les
avaient précédées. Puis, quand il arrive à la production
de l'électricité par le simple contact de métaux dissem-
blables, et à l'immortelle découverte de ce célèbre
physicien, — la construction de l'appareil qui permet
d'accroître si facilement le dégagement de l'électricité,
— Arago ne se borne pas à citer les propriétés que
Volta avait reconnues à la pile inventée par lui, il passe
en revue celles dont la découverte est due à ses succes-
seurs. Plus loin, dans l'éloge de Carnot, qu'on ne s'attendait peut-être pas à trouver mêlé aux questions industrielles, le biographe tire un admirable parti de

l'ouvrage publié en 1783, par le futur ministre de la guerre, sous ce titre : *Essai sur les machines en général.* Carnot a fait à la science un legs important par son analyse de la perte de force qui provient des brusques changements de vitesse dans tout mécanisme. A cette démonstration, Arago relie lui-même une autre analyse, très-ingénieuse et très-profonde, des conditions générales de la construction des machines.

Vous le voyez : les rayons qui illuminent certains côtés de la science et montrent la fin pratique des principes abondent dans toutes ces notices. Obligé de nous borner, nous ne nous arrêterons plus qu'au mécanicien fameux dont le nom se présente à l'esprit toutes les fois qu'on parle des forces de l'industrie contemporaine, à l'Ecossais James Watt, qui fut un des associés étrangers de l'Académie des sciences. Ce sujet rentre sans partage dans le domaine de l'application. Le nom de Watt rappelle tout naturellement les prétentions rivales que l'invention de la machine à vapeur a suscitées en France et en Angleterre. On ne saurait blâmer de telles prétentions, alors même qu'elles se présentent avec une certaine exagération. Il est beau, en effet, de voir les peuples se montrer jaloux de pouvoir nommer dans leurs annales particulières les auteurs des découvertes qui honorent l'esprit humain. Une telle ambition témoigne du prix qu'ils attachent aux triomphes de la pensée ; mais il appartient à l'histoire de démêler la vérité. Arago a formulé une opinion modérée et impartiale, quand il a dit, en s'occupant d'un autre savant anglais, Thomas Young : « Watt fut sinon l'inventeur de la machine à vapeur, car cet inventeur est un Français, du moins le créateur de tant d'admirables combinaisons à l'aide desquelles le petit appareil de Papin est devenu le plus ingénieux, le plus utile, le plus puissant véhicule de l'industrie. »

Les détails consignés dans la notice particulière à James Watt confirment cette opinion, et l'appuient sur des monuments d'une irrécusable authenticité. La machine à vapeur n'est pas sortie d'un seul coup de l'esprit d'un inventeur, comme Minerve du cerveau de Jupiter. Cette idée que la vapeur d'eau, par son élasticité, engendre du mouvement et peut produire certains effets mécaniques, n'était pas absolument inconnue de l'antiquité. Dans les temps modernes, avant Papin et Watt, elle s'était précisée, elle avait gagné du terrain. Certaines observations, recueillies et décrites par Salomon de Caus, et un peu plus tard par le marquis de Worcester, avaient démontré qu'on pouvait utiliser la force provenant de la vapeur ; mais on n'avait fait de cette théorie aucune application. Les descriptions ne contenaient même pas, à l'état rudimentaire, les véritables principes des machines actuelles.

Ce qui constitue la machine moderne, c'est la combinaison d'un moteur avec des pièces fixes et mobiles, à l'aide desquelles ce moteur transmet son action. Il fallait avant tout, pour composer une telle machine, substituer dans un espace donné une atmosphère de vapeur d'eau à l'atmosphère ordinaire. Telle a été la solution indiquée par Denis Papin dans divers mémoires publiés à dater de 1690. Suivant les expressions d'Arago, Papin a imaginé le premier la machine à vapeur à piston; il a vu le premier que la vapeur aqueuse fournit un moyen simple de faire rapidement le vide dans la capacité du corps de pompe; enfin il a combiné le premier, dans une même machine à feu et à piston, la force élastique de la vapeur d'eau avec la propriété dont cette vapeur jouit de se précipiter par le froid. Les véritables principes de la machine à vapeur étaient trouvés; mais là s'arrête la gloire de notre compatriote; sa machine, dans laquelle l'action de la vapeur et sa condensation sont successivement en jeu, ne fut exécutée qu'en petit et pour le laboratoire.

Un Anglais, le capitaine Savery, fit un pas dans la voie des réalisations; il construisit, mais avec les idées de Salomon de Caus et de Papin, une machine qui fonctionna. Des applications plus significatives des mêmes principes furent faites un peu plus tard par les Anglais Newcomen et Cawley, qui indiquèrent certains moyens d'amélioration : mais James Watt devait donner à ces appareils encore informes une perfection inespérée ; il devait les faire réellement entrer dans le domaine de l'industrie. Arago suit pas à pas ses recherches ingénieuses ; il nous le montre menant rapidement à bonne fin des expériences qui auraient pu remplir la vie d'un physicien ordinaire, même très-laborieux ; puis, au moyen de mécanismes habilement combinés, trouvant la solution de problèmes en apparence insolubles, et parvenant à rendre ses appareils dociles à la volonté de l'homme. Dans nos machines à vapeur, il est peu de pièces qui ne portent la trace des inventions dues au génie de Watt. C'est lui qui a montré les immenses avantages économiques qu'on obtient en remplaçant la condensation qui s'opérait jusque-là dans l'intérieur du corps de pompe, par la condensation dans un vase séparé. Il a signalé le premier, comme le proclame encore Arago, le parti qu'on pourrait tirer de la détente de la vapeur aqueuse ; il a inventé la première machine à double effet et à un seul corps de pompe. La vie de Watt est un cadre dans lequel l'habile biographe embrasse l'histoire complète de la machine à vapeur, sujet cher à sa pensée et auquel il est revenu en plus d'un endroit ; c'est là un nouvel exemple de la méthode qu'il met constamment en œuvre pour rassembler les traits épars de l'histoire de la science et de l'industrie. Il serait superflu d'insister davantage sur le caractère éminemment original qu'offrent à ce point de vue les *Notices biographiques;* nous allons, du reste, retrouver la même idée dans une autre partie très-importante des œuvres d'Arago, dans les *Notices scientifiques*.

III.

Les rapports existant entre les données mathématiques et les œuvres de l'industrie sont rendus plus frappants encore dans les *Notices scientifiques* que dans les *Notices biographiques*. L'auteur ne s'y borne plus à toucher incidemment à tels ou tels sujets techniques ou à retracer l'histoire de telle ou telle découverte intéressant les arts industriels, il entre en plein dans le champ de l'application. Soit qu'il s'attache à quelque question isolée, soit qu'il aborde l'examen des procédés mécaniques qui constituent la vie même de l'industrie contemporaine, il répand à pleines mains les enseignements utiles, observant toujours les faits, et mettant en lumière les principes dont ils émanent. Parmi les objets qui occupent une place saillante dans les *Notices scientifiques*, nous nous bornerons à choisir deux exemples de ces études approfondies qui aboutissent directement au domaine de la pratique. Ces exemples appartiennent à deux ordres d'idées tout à fait différents. L'un se rapporte à une industrie d'un genre spécial qui avait naguère beaucoup occupé les esprits, et dont une grande application s'est renouvelée depuis sous nos yeux : je veux parler du forage des puits artésiens. L'autre concerne à la fois la navigation, les chemins de fer, la production manufacturière, en un mot toutes les industries faisant usage des appareils à vapeur, car il s'agit des causes qui peuvent amener l'explosion de ces appareils et des moyens de prévenir ce danger.

I. L'industrie, l'agriculture, la physique, la géologie sont intéressées dans la question des puits artésiens ; je devrais nommer encore ici les chemins de fer, au moins ceux de telle ou telle région du globe où l'eau manque sur de longs parcours. Ainsi, dans un des nombreux projets mis en avant aux Etats-Unis, pour joindre les deux Océans à travers l'immensité du territoire de l'Union, on propose de creuser, de distance en distance, des puits artésiens pour alimenter les chaudières au milieu des arides déserts de l'ouest. En France, depuis la construction du puits de l'abattoir de Grenelle, qui fut un essai d'une hardiesse prodigieuse, on n'avait pas renouvelé de tentative aussi gigantesque ; mais le puits en cours d'exécution dans la plaine de Passy, entre le bois de Boulogne et le mur de l'octroi, sous la surveillance de M. Alphand, ingé-

nieur en chef des promenades et plantations de la ville
de Paris, présente des proportions encore plus gran-
dioses. On compte atteindre la même nappe d'eau qu'à
Grenelle ; seulement, comme on part d'un lieu plus
élevé, on sera obligé de descendre plus profondément.
Le traité passé en 1855 entre la ville de Paris et M. Kind,
ingénieur saxon, auteur de travaux de sondage fort remarquables, porte qu'il faudra pénétrer de 25 mètres
au moins dans la couche aquifère des grès verts, située
en moyenne à 550 mètres au-dessous du sol de la
plaine de Passy. C'est donc à une profondeur de
575 mètres qu'il s'agit de parvenir.

Arago pouvait revendiquer une part notable dans le
succès obtenu à Grenelle. Il avait soutenu la confiance
plus d'une fois ébranlée de l'administration et du public. On lui doit, en outre, ainsi qu'à un géologue re-
nommé, M. Héricart de Thury, d'avoir dissipé, d'une
manière plus ou moins directe, bien des erreurs accréditées qui entravaient l'industrie des puits artésiens.
Le système de forage adopté pour le puits de Passy se
rattache à celui qu'on suivait à Grenelle ; mais il est
vrai de dire que les deux méthodes diffèrent notable-
ment. Pour nous rendre compte des différences et
pour mieux apprécier, au point de vue de la pratique
actuelle, les données dues à François Arago, nous
avons tenu à examiner dans leurs moindres détails les

travaux exécutés à Passy, d'après les procédés de
M. Kind. Nous devons dire, avant tout, que les amé-
liorations réalisées aujourd'hui n'ôtent rien au mérite
des travaux effectués par M. Mulot, il y a quinze ou
vingt ans. Le succès engendre le succès. Il n'est pas
étonnant qu'avec l'expérience acquise et les moyens
nouveaux dont on dispose, il soit possible d'arriver à
des résultats plus satisfaisants. Nous n'avons pas, du
reste, pour but d'établir aucune préférence par rapport à tel ou tel système actuellement usité chez nous.
Nous nous bornons à signaler quelques traits particuliers à deux essais d'une importance exceptionnelle.

Quelles sont donc les différences principales entre
la méthode appliquée à Passy et celle qu'on pratiquait
à Grenelle? D'abord les tiges de descente ou tiges de
suspension qu'emploie M. Kind sont en bois, tandis
que celles de M. Mulot étaient en fer. Le bois présente
certains avantages. Ainsi les ruptures accidentelles sont
plus faciles à réparer. On se sert de tiges en sapin de
10 mètres de longueur, ayant 9 à 10 centimètres d'é-
quarrissage. Une autre différence tient à la forme et au
jeu de l'instrument de forage. A Grenelle, l'outil opérait comme une vis tournante, ou, si l'on veut, comme
un tire-bouchon ; à Passy, l'instrument broie le sol, en
le frappant à coups redoublés, à l'aide d'un énorme

trépan pesant 1,800 kilogrammes et muni de sept dents en acier fondu. Le diamètre de ce trépan a presque autant d'étendue que le diamètre du puits, qui est de 1 mètre 10 centimètres. Ajoutons qu'avec le système suivi à Grenelle, l'outil perforateur était nécessairement suivi de toute la ligne de sonde. Or, il est aisé de comprendre combien une longue tige était exposée à se ployer ou à toucher aux parois du puits ; dès lors la force de l'impulsion était amortie. A Passy, l'instrument, attaché à l'extrémité de la tige de suspension, tombe de son propre poids au moyen d'une pince à chute libre. On obtient ainsi une égale force de percussion à toutes les profondeurs. La chute n'excède pas 60 centimètres ; mais le mouvement se renouvelle environ vingt fois par minute. Voici comment on opère : l'appareil est incessamment soulevé par la force d'une machine à vapeur placée au dehors, et combinée, à l'aide d'un mécanisme fort ingénieux, avec le jeu des eaux provenant des infiltrations supérieures et qui remplissent le puits. Cette méthode offre de l'avantage, quelle que soit la largeur du sondage, dans les grandes profondeurs, au-delà de 200 mètres, par exemple, alors que l'impulsion serait affaiblie par la longueur de la tige, quoiqu'il soit vrai de dire que les difficultés augmentent aussi pour ce système avec la profondeur du trou. Mais sa valeur est inappréciable quand on

veut effectuer, comme à Passy, des forages d'un large
diamètre. Deux hommes tenant en main, à l'ouverture
du puits, la tige de suspension, suffisent pour gouver-
ner la marche de l'appareil et diriger la chute du trépan de manière à ce que l'outil atteigne bien toute la
largeur du trou de sonde. Les mêmes ouvriers ont
aussi pour tâche de rallonger les tiges de descente à
mesure que le travail avance.

La sonde a pénétré dans les terres beaucoup plus
vite à Passy qu'elle ne l'avait fait à Grenelle. Le forage
de ce dernier puits avait duré plus de sept ans, du 24
décembre 1833 au 26 février 1841. Le terme pour la
construction actuelle avait été primitivement fixé à un
an. Des retards accidentels sont venus le prolonger ;
mais en seize mois la sonde est arrivée à 475 mètres
de profondeur, ce qui permet d'espérer que la durée
totale de l'opération n'arrivera pas à deux années. La
différence dans la rapidité du travail conserve des proportions énormes, même si l'on tient compte de toutes
les interruptions subies par M. Mulot; toutefois elle ne
saurait être complètement attribuée aux dispositions propres à l'un et à l'autre appareil. D'abord, au lieu de fonc-
tionner seulement pendant dix heures chaque jour comme
à Grenelle, la sonde fonctionne à Passy nuit et jour.
Quand M. Mulot commença ses opérations, son matériel
était imparfait; il lui fallut le compléter au fur et à

mesure que les besoins se manifestaient, ce qui entraînait toujours des retards. De plus, il ne disposait que d'un manége de cinq à six chevaux, au lieu d'avoir, comme M. Kind, une force de vapeur de trente chevaux. Enfin, les couches du sol à traverser étaient inconnues, tandis que, pour le forage de Passy, on sait à peu près à quoi s'en tenir sur leur nature et sur leur épaisseur, d'après l'expérience même faite à Grenelle.

Dans la marche du travail exécuté à Passy, il est curieux de voir combien les progrès du sondage varient suivant la nature des terrains qu'on rencontre. Quelquefois on s'est avancé de 2 mètres en un jour, et même davantage, tandis que dans d'autres périodes, on avait peine à gagner 60 centimètres par jour. Certaines éventualités imprévues ont parfois ralenti l'opération. Ainsi, les tiges se fatiguent et s'usent, il faut prendre le temps de les renouveler ; ainsi, arrivé à 366 mètres de profondeur, l'instrument s'était engagé dans une masse de grès gris, et il s'y était engagé si fortement qu'une partie de l'outil, pesant 50 kilogrammes, resta dans la roche. Il fut impossible de l'en extraire. On y employa sans succès, peut-être avec trop peu de patience, et surtout avec trop peu de confiance de la part des ouvriers allemands chargés du forage, de puissants électro-aimants. M. Kind prit enfin le parti de broyer le fer au fond du puits, mais il dut consacrer trente-trois jours à cette ingrate besogne. Les morceaux de l'outil sont maintenant rangés dans leur ordre parmi les échantillons des terres successivement traversées. Cette collection d'échantillons est très intéressante à examiner. Elle permet à nos regards de pénétrer en quelque sorte à travers les couches superposées du sol dont nos pieds foulent la surface. Dans les derniers temps, la rupture d'une tige de suspension avait entraîné la chute, au fond du puits, d'une partie du matériel employé ; la difficulté a été heureusement surmontée, et le forage repris dans les conditions normales.

Les détritus provenant du travail sont retirés au fur et à mesure que l'outil entame la matière. L'opération du forage et celle du curage, qui se succèdent d'une manière régulière, durent environ six heures chacune. On emploie pour le curage un seau cylindrique en tôle de 1 mètre de hauteur sur 80 centimètres de diamètre, qu'on descend au fond du puits après en avoir retiré le trépan. Le fond du seau est formé de deux clapets qui se soulèvent de haut en bas et laissent entrer dans le cylindre les pierres et la boue dont le poids rabat ensuite les clapets. L'introduction assez récente de cet instrument dans l'outillage des fontainiers-sondeurs constitue un perfectionnement très-notable (1). Le puits de Passy sera garni, depuis le fond jusqu'à l'orifice, d'un *cuvelage* en bois de chêne formant tube de retenue. On a employé des tubes de retenue en tôle lorsque des éboulements l'ont exigé. A Grenelle, l'eau a jailli à 28 mètres au-dessus du sol ; on calcule que, sur les hauteurs de Passy, elle jaillira à 20 mètres environ. Il est facile de concevoir l'immense parti qu'on pourra tirer de cette eau sur un sol aussi élevé. Elle est principalement destinée à alimenter le lac, la rivière et les cascades de ce bois de Boulogne, dont l'aspect a été si magnifiquement transformé en peu d'années.

Ce second exemple d'un forage gigantesque exécuté aux portes de Paris, n'a fourni à la science aucun résultat qui n'eût été signalé ou pressenti par Arago. Une page est ajoutée à l'histoire des puits artésiens ; mais la théorie si clairement exposée dans les *Notices scientifiques* n'est en rien modifiée. L'auteur avait suivi dans cette circonstance sa méthode ordinaire : il avait jeté un coup d'œil en arrière avant d'arriver aux résultats nouveaux. Que des jets d'eau plus ou moins abon-

(1) Nous avons reçu communication d'un projet dû à M. Maillet, de Fère-en-Tardenois (Aisne), indiquant, parmi divers perfectionnements, la possibilité de réunir le trépan et le cylindre à clapets, de manière à frapper le sol, à le broyer et à enlever immédiatement les détritus. C'est une expérience à faire.

dants, plus ou moins élevés, aient été très-ancienne-
ment obtenus en forant verticalement le sol jusqu'à
des nappes souterraines, c'est là un fait incontestable ;
mais ce fait n'avait pas été scientifiquement étudié
avant notre époque. D'où vient l'eau des puits artésiens ? L'opinion admise aujourd'hui, c'est que cette
eau, comme celle des puits ordinaires et des sources,
n'est autre que l'eau de pluie qui a coulé à travers les
pores ou les fissures du sol jusqu'à la rencontre de
quelques couches de terre imperméable entre lesquelles
elle séjourne.

Quant à une autre question non moins intéressante,
celle de savoir quelle est la force qui soulève les eaux
souterraines et les fait jaillir à la surface du globe, elle
a été élucidée par Arago avec autant de rigueur au
point de vue scientifique que de simplicité au point de
vue de l'expression. Un principe en hydrostatique,
c'est que l'eau descendant d'un réservoir par une des
branches d'un tuyau recourbé, tend à remonter dans
la seconde branche du tuyau à la hauteur du réservoir
d'où elle provient. Si la seconde branche n'atteint
pas la hauteur du réservoir, l'eau jaillira au dehors
vers son niveau primitif. Toute la théorie des puits artésiens est là. En effet, c'est seulement sur le penchant
des collines ou à leur sommet que se rencontrent à nu,
par leur tranche, les couches de terrain d'une nature

particulière à travers lesquelles les eaux pluviales pénètrent dans l'intérieur du sol pour y former, suivant les conditions indiquées tout-à-l'heure, des lacs souterrains. Si la sonde ouvre une voie jusqu'à l'un de ces lacs, le liquide montera presque à la hauteur du point d'où il est parti sur le flanc des montagnes. La force ascensionnelle sera proportionnée à l'élévation du point de départ de l'eau. On le voit, ces calculs sont des plus simples, et l'explication scientifique satisfait pleinement la curiosité de l'esprit.

Il ne semble pas, cependant, que la science ait encore dit son dernier mot sur le mode de construction des puits artésiens. L'art du fontainier-sondeur sent le tâtonnement et l'hésitation par plus d'un côté; mais les progrès accomplis permettent d'en espérer de nouveaux. — En peut-on dire autant des moyens préventifs employés contre les explosions des appareils à vapeur ? C'est à cette question qu'aboutit maintenant la ligne que nous nous sommes tracée.

II. On était encore sous la douloureuse impression de catastrophes terribles au moment où Arago publiait une large étude sur l'explosion des machines à vapeur. Quelques années s'étaient à peine écoulées depuis qu'avait eu lieu sur le Rhône, à Lyon, un accident épouvantable dont le souvenir n'est pas complétement effacé. On devait faire l'essai d'un nouveau bateau à vapeur devant les quais de la ville. C'était alors une sorte de solennité publique ; les fonctionnaires de la cité y avaient été conviés ; la foule recouvrait les abords du fleuve longtemps avant l'heure fixée. Le constructeur de la machine devait lui-même diriger l'opération. En attendant l'instant décisif, il faisait manœuvrer son appareil comme un coursier qu'on prépare à entrer dans l'arène. Trouvant sans doute que le mécanisme ne triomphait pas au gré de ses désirs de l'intrépide courant du Rhône, il imagina de fermer, en les condamnant, les soupapes de sûreté des quatre chaudières qui alimentaient la machine. L'effet de cet acte, qu'on peut qualifier d'acte de folie, était facile à prévoir; mais il fut plus rapide et plus général qu'on n'aurait pu le craindre. Presque aussitôt, trois chaudières firent explosion simultanément. Le pont du navire fut enlevé ; les tuyaux des cheminées et d'autres pièces accessoires qui pesaient plus de 3,000 kilogrammes furent lancés verticalement à une hauteur énorme. Le constructeur paya de sa vie sa témérité. Des morceaux de bois, projetés jusque sur les quais, blessèrent un assez grand nombre de spectateurs et en tuèrent quelques-uns.

A peu près dans le même temps, d'autres accidents désastreux avaient détruit en partie plusieurs établissements industriels. Des causes très-diverses, des causes parfois contradictoires, au moins en apparence, étaient assignées à ces explosions, si bien qu'on demeurait indécis devant la question de savoir s'il existait des moyens pour rendre, sinon tout-à-fait impossibles, au moins très-rares, ces effrayants phénomènes. On se demandait avec inquiétude si l'on parviendrait jamais à soumettre complétement cette force élastique de la vapeur, toujours prête à se soulever contre son maître, comme un esclave impatient du joug. L'industrie attendait sur ce problème le mot d'ordre de la science; rien de plus naturel. L'industrie contemporaine doit à la science tous ceux de ses procédés qui font sa grandeur, qui la distinguent avec tant d'éclat de l'industrie des siècles antérieurs et qui étonnent le plus l'imagination. Dans sa lutte contre les obstacles dont l'entoure le monde physique, l'homme n'a remporté ses victoires, suivant une expression employée par un ancien ministre du commerce, M. Dumas, que *le flambeau de la science à la main*. La science a donc un rôle à remplir dans toutes les conjonctures inquiétantes où peut se trouver engagée la pratique industrielle.

Pendant de longues années, Arago a été, ne craignons pas de le redire, la plus haute expression de ce rôle si bien compris chez nous par la science, et dont la tradition se continue avec une noble émulation. Jamais il ne s'était offert à lui une occasion plus belle de mettre à profit ses ressources scientifiques qu'en ce moment où il fallait prémunir l'industrie contre le principal danger des appareils à vapeur. Ce sujet rentrait, d'ailleurs, dans un ordre de questions pour lequel il avait montré plus d'une fois une préférence marquée. Il entreprit donc une relation de toutes les explosions alors connues, et qui avaient été observées par des ingénieurs expérimentés. Son but était d'apprécier les diverses explications qu'on avait données de ces catastrophes et de juger le fort et le faible des garanties auxquelles on avait communément recours. Il voulait, en fin de compte, tirer de ces exemples quelques bons conseils pour l'usage de mécanismes dont la force dépasse en de si larges proportions celle de la main qui les dirige.

Aujourd'hui (août 1856) qu'environ vingt-cinq années se sont écoulées depuis l'époque à laquelle François Arago écrivait son mémoire, l'intérêt réel de la question consiste à nous demander si les moyens de sécurité se sont accrus depuis ce temps-là, si la force de la vapeur est mieux asservie à nos volontés, en un mot, s'il y a moins de danger d'explosion qu'autrefois dans l'usage des moteurs à feu. Voilà ce que nous voudrions rapidement examiner, et cette recherche nous offrira le moyen de reconnaître les services dont l'industrie est ici redevable à l'ancien secrétaire de l'Académie des sciences.

Un fait à mettre d'abord en relief, c'est le prodigieux développement que l'emploi des machines à vapeur a reçu soit dans l'industrie manufacturière, soit dans l'industrie voiturière. Il y a vingt-cinq ans, on ne faisait que de commencer à construire des locomotives pour les chemins de fer ; l'utilité de cette application n'était même pas incontestée. La navigation à vapeur pouvait encore être regardée comme une réalisation récente, réalisation à peine tentée même pour la navigation maritime. Quant aux ateliers industriels, ils étaient loin de présenter l'aspect qu'ils offrent aujourd'hui. En France, la vapeur n'était utilisée d'une manière un peu générale que dans les filatures, et c'était seulement de la veille qu'on s'y était enfin décidé à suivre les exemples donnés par l'Angleterre. Nos autres fabriques ne connaissaient que très-exceptionnellement l'emploi des moteurs à feu. A l'heure qu'il est, au contraire, la force représentée par ces engins, dans notre pays seulement, arrive à des chiffres très-élevés. Arago avait le pressentiment de cette inévitable expansion, lorsqu'il revenait si souvent sur ce sujet et qu'il s'appliquait à l'éclairer à la fois par les enseignements de la pratique et par les lumières de la théorie. S'il est un côté de la question sur lequel ses pressentiments aient été dépassés, ce n'est que dans le domaine des chemins de fer, domaine où, comme on sait, les préoccupations politiques entraînèrent tant d'égarements et de lenteurs. Nous possédons des éléments certains pour apprécier l'étendue du mouvement opéré dans l'emploi des appareils à vapeur. D'après les derniers états si judicieusement élaborés qu'a publiés l'administration des mines, et qui vont jusqu'à l'année 1852, le nombre des appareils à vapeur de toute nature, non compris ceux qui appartiennent à la marine impériale, était en France, dans cette dernière année, de 7,779. Ces machines représentaient une force de 216,456 chevaux.

Arrêtons-nous d'abord un moment à cette manière d'évaluer la puissance des appareils. Peut-être ne sera-t-il pas inutile de rappeler quelle est la force représentée par ce que l'on appelle un *cheval-vapeur*. Ce serait une erreur de croire que cette force correspond à la force moyenne d'un cheval ordinaire ; la base du calcul est toute différente. Un cheval-vapeur suppose une force capable d'élever un poids de 75 kilogrammes à un mètre par seconde. Il est admis que cette force équivaut à celle de trois chevaux de trait. Lorsqu'on veut la mettre en parallèle avec la puissance musculaire de l'homme, on l'évalue communément à celle de 21 hommes de peine. D'après cette donnée, la force des 7,779 machines mentionnées tout à l'heure correspond à celle de 649,369 chevaux de trait, ou bien encore à celle d'un peu plus de 4 millions et demi d'hommes.

Si nous remontons seulement de 16 années en arrière, à l'année 1840, nous voyons que les appareils utilisés en France ne représentaient pas tout-à-fait la force de 1,200,000 hommes de peine ; en 1845, ils équivalaient à celle d'environ 2 millions et demi ; en 1847, à celle de 3,323,000.

On peut, si l'on veut, analyser le développement signalé, et voir quelle part revient à chacune des trois grandes divisions entre lesquelles se partagent les machines à vapeur, savoir : les machines qui servent à la traction sur les chemins de fer, celles qui sont employées sur les bateaux du commerce, et enfin celles qui sont utilisées sur terre partout ailleurs que sur les voies ferrées. Nous nous contenterons d'embrasser du regard, dans cette revue rétrospective, la période qui commence en 1842 et finit en 1852. A la première de ces époques, on ne comptait en France que 202 locomotives ; en 1852, on en comptait 1,114. Dans la navigation, qui, en 1842, n'en était pas, comme les chemins de fer, à sa première phase, l'accroissement ne pouvait suivre une progression aussi marquée ; il est cependant encore assez notable. La France avait en 1842, soit pour la navigation maritime, soit pour la navigation fluviale, 229 bateaux et 337 machines à vapeur ; en 1852, le nombre des bateaux était de 304, et celui des machines de 552. Quant aux appareils de

tout genre employés par l'industrie, le progrès constaté sera plus exactement rendu, nous le croyons, en
mettant en regard la force qu'ils représentaient en 1842
et en 1852, qu'en se bornant à une énumération pure
et simple. Or cette force, à la première date, était de
39,000 chevaux-vapeur, et, à la seconde, de 75,000.
Aucun temps d'arrêt n'apparaît dans l'extension signalée. On ne saurait, en effet, mettre en ligne de
compte le ralentissement qui suivit la révolution de février, et qui provenait d'un trouble général apporté dans
les transactions par des circonstances extraordinaires.

C'est en présence de cette extension continuelle
donnée à l'emploi de la vapeur que se présente la
question posée tout à l'heure sur le nombre des explosions. Or, si l'on tient compte de la masse de force
aujourd'hui utilisée, il demeure évident que le danger
contre lequel Arago avait voulu prémunir l'industrie a
onsidérablement diminué. Les accidents dont il s'agit
sont infiniment moins nombreux qu'autrefois. Le pouvoir de l'homme sur le puissant auxiliaire auquel il
abandonne la plus rude partie de son labeur est devenu
plus sûr de lui-même. Il est moins exposé à se voir
abattu par une rébellion soudaine.

A quelles causes sommes-nous redevables de cet
accroissement de sécurité ? A-t-on imaginé quelque infaillible garantie ignorée il y a vingt-cinq ans ? Certes,

il serait injuste de méconnaître que des perfectionnements véritables ont été effectués dans la construction
des machines. On a, d'autre part, multiplié les moyens
préventifs. Si quelques-unes des dispositions essayées
n'ont pas donné les résultats attendus, d'autres pro-
curent d'incontestables avantages. Ainsi, outre les soupapes de sûreté, inventées par Denis Papin, et qui
servent de dégagement au trop-plein de la vapeur, on
met en pratique diverses combinaisons pour avertir
que l'eau baisse dans la chaudière et qu'il est temps
d'alimenter le générateur. L'effort principal de l'esprit
de recherche a même porté sur les moyens d'assurer
cette alimentation d'une façon régulière. Il n'y a pas
effectivement de meilleure garantie contre les explosions. Quelques mots le feront comprendre. Les soupapes de sûreté suffisent pour prévenir les explosions
provenant d'une accumulation graduée de vapeur.
C'est dans le cas d'une accumulation soudaine qu'on
n'est pas suffisamment protégé. Eh bien ! la principale
cause de ce développement subit tient à ce qu'on a
laissé l'eau descendre trop bas dans les chaudières, de
telle sorte qu'au moment où l'on veut combler le vide,
on court risque que le liquide, venant en trop grande
quantité toucher des parois incandescentes, ne se
transforme aussitôt en une masse surabondante de vapeur. — Voilà le péril. On ne pourrait pas le conjurer

en prenant seulement le soin d'assurer, comme cela serait facile, une alimentation continue et toujours égale. Une telle méthode supposerait que la consommation de la vapeur a lieu en une mesure invariable, tandis qu'elle varie à tout moment. L'effet à produire dans une usine, sur un chemin de fer ou sur un bateau à vapeur, dépend de circonstances multiples. On consomme plus ou moins de vapeur suivant les obstacles à vaincre, la charge à porter. D'ailleurs, une même quantité d'eau incessamment versée dans le générateur nécessiterait une constante égalité de température dans le foyer, ce qu'on ne saurait obtenir. On a essayé de construire des appareils inexplosibles, en substituant aux chaudières ordinaires de simples tubes contournés en hélice et disposés suivant divers modes qui constituent autant de systèmes. Ces tubes sont complétement noyés dans le foyer. De tels appareils, qui ne renferment pas de réservoir à vapeur, sont en effet inexplosibles; mais on conteste qu'ils puissent produire régulièrement la force voulue. Défiante sur ce point, l'industrie montre peu d'empressement à se les approprier. De nouvelles expériences sont indispensables pour permettre de les juger en dernier ressort.

Tout en reconnaissant le mérite de certaines combinaisons réalisées, nous croyons pouvoir conclure que l'accroissement de sûreté dont nous parlions tout à l'heure ne provient pas de la mécanique, ou du moins qu'il n'en provient que pour une très-faible part. Nous en sommes redevables à une autre cause, et cette cause avait été nettement signalée par Arago. Il n'avait pas essayé dans son *mémoire* de dissimuler le danger, ni de présenter tel ou tel expédient comme une garantie toujours infaillible. Il s'était appliqué à établir que tous les accidents relatés avaient eu pour principe un fait que la prudence individuelle aurait pu aisément prévenir. Parce que les machines à vapeur marchent ordinairement d'elles-mêmes, avait-il dit, ce serait une funeste erreur de croire qu'on peut impunément en confier la direction à des mains inexpérimentées ou négligentes. Une pareille tâche réclame, au contraire, des ouvriers adroits et soigneux. Voici quel était le dernier mot d'Arago sur la question. En face de la force énorme qu'il s'est assujettie, l'homme doit toujours être un guide vigilant. Rien de plus vrai. Si les accidents sont devenus de plus en plus rares, c'est qu'on a de mieux en mieux compris cette vérité. On s'est familiarisé chaque jour davantage avec le maniement des moteurs à feu. Il s'est formé peu à peu un corps de mécaniciens et de chauffeurs exercés, dont l'expérience reste la meilleure sauvegarde contre les explosions.

Les conclusions formulées par Arago étaient donc

des plus simples ; elles ne visaient point à l'effet, mais elles répondaient parfaitement aux besoins de la situation. Elles sortaient pour ainsi dire naturellement des observations recueillies. La pensée du savant semble se dissimuler derrière les faits ; au fond, néanmoins, elle les domine en les expliquant.

Cet exemple, pris entre beaucoup d'autres que renferment les *Notices scientifiques*, met sous son véritable jour le rôle qu'a rempli Arago dans ses études sur les questions industrielles. On s'aperçoit qu'il s'efforce toujours de rattacher les phénomènes observés aux vérités mathématiques. C'est ainsi qu'il fraye les voies à la science pour en vulgariser ensuite les lois. Les caractères de son influence dans cette arène n'avaient pas été, à notre connaissance, suffisamment détachés jusqu'ici de l'ensemble de ses travaux. C'est pour cette raison que nous avons cru devoir entrer à ce sujet dans quelques détails. C'est pour cette raison que nous avons cru devoir insister sur notre pensée en la reproduisant chaque fois que l'occasion s'en présentait. — Nous arrivons maintenant à ceux des ouvrages du savant qui appartiennent au domaine de la science pure. Ici nous nous bornerons à considérer les parties les moins techniques.

CHAPITRE TROISIÈME.

Sur les ouvrages de François Arago, concernant
les sciences spéculatives.

I.

Les sciences, ayant pour objet de constater les lois de
la nature, renferment toutes une somme plus ou moins
grande de vérités dont la connaissance intéresse ceux-
là mêmes qui s'occupent le moins d'études scientifiques. Selon que la sphère où ces vérités sont connues
s'étend ou se restreint, le niveau moyen de l'instruction générale s'élève ou s'abaisse. Aussi le développement scientifique comprend-il à la fois les recherches
approfondies qui tendent à éclairer sans cesse davantage les sommités de la science, et les travaux propres
à vulgariser les vérités élémentaires. On a vu, au sujet
de l'application des données scientifiques à la pratique
industrielle, quels furent dans cette double voie, les
services rendus par Arago. De même encore, dans le
domaine de la science pure, tandis qu'il élaborait les
plus difficiles problèmes au point de vue spécial des
savants, il s'entendait à merveille à incliner les branches
les plus hautes, de manière à les rendre accessibles à
tous les esprits un peu cultivés. Nous voudrions essayer

de donner une idée de ses travaux sous ce dernier rapport. Mais comme il serait impossible d'embrasser ici, dans toute son étendue, l'arène où son action s'est déployée, il convient que nous choisissions la science qui a rendu sa renommée si populaire, c'est-à-dire la science astronomique.

Rappelons-nous d'abord que durant de longs âges l'astronomie fut entourée d'un profond mystère. Ce n'est guère qu'au siècle dernier qu'elle sortit enfin de l'espèce de sanctuaire où la gardaient les savants pour s'ouvrir un peu aux hommes qui n'étaient pas spécialement voués à son culte. Encore ne fut-elle alors étudiée par les gens du monde que dans le livre bien connu de Fontenelle, où l'imagination occupe une si large place. De nos jours, le cercle où l'on possède quelques notions élémentaires de l'astronomie s'est considérablement étendu. Or, il est notoire qu'on doit ce résultat aux efforts d'Arago, qui sut répandre tant d'attrait sur ces matières, en les dégageant de l'âpreté des formules mathématiques. On lui doit d'avoir remplacé dans l'opinion publique les pures hypothèses de l'imagination par des descriptions claires et précises, sans rien ôter à la rigueur des calculs. Les astronomes illustres qui poursuivent aujourd'hui la tradition des grandes recherches ne pratiquent d'ailleurs pas d'autre méthode.

Les *Œuvres* d'Arago nous offrent deux compositions dont le principal caractère est de simplifier la science astronomique. Je veux parler de l'*Astronomie populaire* et des *Biographies des principaux astronomes*. Le premier de ces ouvrages forme le résumé du cours que Arago avait été chargé, en 1812, par le bureau des longitudes, de professer à l'Observatoire de Paris, et qu'il continua jusqu'en 1845 ; c'est-à-dire pendant plus de trente-deux ans. Le second rattache l'histoire de l'astronomie à la vie des hommes qui ont le plus marqué dans cette branche des connaissances humaines, depuis Hipparque et Ptolémée jusqu'à Newton, Herschell et Laplace. Les *Biographies des principaux astronomes*, moins connues d'ailleurs que l'*Astronomie populaire*, ont cet avantage, de dévoiler rapidement à nos yeux la longue série des calculs et des découvertes qui ont constitué la science moderne. Ce motif nous détermine à prendre cet ouvrage comme exemple des procédés d'Arago dans la vulgarisation des résultats scientifiques. Il ne saurait entrer dans notre plan de passer tout entière en revue la glorieuse phalange comprise dans les *Biographies*. Une analyse chronologique des conquêtes réalisées par les astronomes de tous les temps et de tous les pays, composerait une nomenclature nécessairement sèche et fatigante. Il vaut mieux considérer une époque spéciale, un moment saillant dans l'histoire de l'astronomie.

Un tel choix ne saurait être embarrassant. Nous avons, à peu de distance de nous, dans la dernière partie du seizième siècle et dans la première du dix-septième, une de ces périodes remarquables où des pas immenses ont été effectués. Trois hommes concourent alors, par des voies diverses, à compléter les découvertes encore récentes de Copernic, et à préparer les prochaines conquêtes de Newton. Ces trois illustres savants, chacun les a déjà nommés, ce sont Tycho-Brahé, Galilée et Kepler (1). Dans ses *Biographies*, Arago ne manque pas de leur attribuer le relief qu'ils méritent. Il ne passe sous silence aucun des faits qui ont marqué dans leur vie, il n'omet de mentionner aucun des travaux qui honorent leur mémoire ou qui sont propres à caractériser leur génie. La partie biographique de ce travail tire un intérêt singulier des traverses qui vinrent troubler plus ou moins rudement l'existence des trois athlètes placés au début des temps modernes pour frayer à la science des sentiers nouveaux. On ne s'étonnera point qu'ils aient rencontré sur leurs pas des difficultés colossales, si l'on songe que leur rôle, con-

(1) Newton naissait l'année même où mourait Galilée, en 1642. — Il convient de préciser ici les dates, car ces dates forment le cadre où se renferme l'action de ces illustres maîtres. Copernic, né en 1473, était mort en 1543. Tycho-Brahé vient au monde en 1546 et meurt en 1601. La vie de Galilée s'étend de 1564 à 1642, et celle de Kepler de 1571 à 1631.

sistait à établir, avec les seules ressources de l'observation et de la raison, des vérités nouvelles sur les dé-
bris de systèmes universellement admis durant des
siècles. Quand il leur fallait heurter des croyances en-
racinées dans les esprits, ils ne pouvaient manquer de
donner de l'ombrage aux situations traditionnelles, et
de susciter de fortes réactions. Peut-être même, soudai-
nement épris de l'importance des résultats dus à leurs
efforts, ne pouvaient-ils pas les exposer avec la réserve
et les ménagements nécessaires pour faciliter la tran-
sition.

Frappé par l'analogie de la situation où se trouvèrent
sous ce rapport Tycho-Brahé, Galilée et Kepler, un savant anglais, M. David Brewster, avait eu l'idée, il y a
quelques années, de raconter dans un même ouvrage la
vie de ces trois personnages, et il avait intitulé son
livre : *les Martyrs de la science*. Immense éloge en un
seul mot! Mais on s'est demandé, à cette occasion,
chez nos voisins, si les épreuves subies provenaient assez
directement de causes scientifiques pour justifier ce grand
nom de martyrs de la science. On s'est demandé si, en
échange des maux endurés, la science ne s'était pas
montrée fort libérale, sinon envers ces trois apôtres, au
moins envers les deux premiers ? (1) Quoique l'auteur

(1) Notamment dans un article publié par une des *Revues* les

des *Biographies* n'inscrive pas en tête de ses récits le mot de martyrs, quoiqu'il fasse de prudentes réserves au sujet de certaines traditions trop facilement accueillies, les mêmes questions se présentent d'elles-mêmes quand on lit ses appréciations et son récit. Sans doute, l'histoire ne saurait trop réprouver les tourments infligés par l'ignorance ou par l'envie aux représentants de nouvelles idées scientifiques. Il est sage, cependant, de s'abstenir de qualifications trop louangeuses ; il est sage de distinguer entre les obstacles qui sont nés de la science même et ceux qui ont eu pour origine des défauts de caractère ou des faits particuliers à une époque.

Ce ne sont pas là de ces questions qu'on doive laisser aux seuls érudits. Elles portent en elles une source d'intérêt général au point de vue de la justice distributive envers le passé de la science ; en outre, elles permettent d'entrer par la voie la moins technique et la plus accessible dans l'examen des découvertes scientifiques. De cette façon, en effet, on voit les calculs du savant mêlés aux difficultés qui l'assaillent. On n'a pas à pénétrer dans des supputations qui sont du ressort des hommes spéciaux. On reste ainsi d'accord avec Co-

plus accréditées du Royaume-Uni, l'*Edinburgh Review*, au sujet même du livre de M. David Brewster.

pernic écrivant dans une lettre célèbre : « Les vérités mathématiques ne peuvent être jugées que par les mathématiciens. » Voilà pourquoi nous abordons l'étude des notices consacrées aux trois illustres savants du seizième siècle, en recherchant ce qu'ils ont souffert pour la science. Dans l'examen des services rendus par eux à l'astronomie, l'ancien directeur de l'Observatoire de Paris sera naturellement notre guide ; et pour l'appréciation de leurs malheurs, des discussions spéciales et l'histoire générale nous fournissent des éléments surabondants.

II.

Il faut commencer par le Danois Tycho-Brahé, qui naissait en 1546, c'est-à-dire dix-huit ans avant Galilée, et vingt-cinq ans avant Kepler, et dont la réputation remplissait l'Europe quand ces deux derniers débutaient à peine dans la carrière. Eh bien! Tycho-Brahé doit-il être regardé comme un martyr? Avant de répondre, disons quelques mots sur son rôle scientifique. — Si l'on s'en tenait aux apparences, on pourrait bien se laisser aller à mettre en doute l'étendue et l'utilité de l'action de ce premier combattant. En le voyant dans ses laboratoires, autour de ses creusets, chercher la pierre philosophale et se jeter avec passion dans l'alchimie, ou bien, la nuit, sur son observatoire, demander aux étoiles les secrets de l'avenir, on serait tenté de croire qu'imbu des préjugés de son temps, il a consumé sa vie dans de stériles investigations. Il imagina même un système du monde, qu'Arago qualifie de *création malheureuse*, et qui fut promptement condamné, comme un anachronisme choquant, après les révélations de Copernic. Dans ce système, la terre était immobile; le soleil et la lune tournaient à l'entour; mais les planètes Mercure, Vénus, Mars, Jupiter et Saturne tournaient autour du soleil.

Quels sont cependant les titres de Tycho-Brahé à la gloire dont son nom est environné? Ces titres sont sérieux et incontestés; ils dérivent des observations très-nombreuses et très-ingénieuses par lesquelles ce savant aida puissamment à la grande réforme astronomique datant du seizième siècle. Arago nous montre sur quelle vaste échelle eurent lieu ses recherches incessantes concernant le mouvement des corps célestes. Son catalogue des étoiles fixes est le résultat d'un travail incalculable. Le savant danois a reconnu le cours des comètes, et découvert, dans les mouvements de la lune, l'inégalité, qu'on a appelée *variation*. Les observations dont sa carrière est remplie ont formé une sorte de faisceau lumineux qui a répandu de vives lueurs sur la voie à suivre pour des recherches ultérieures. Tycho-Brahé a donc rendu plus faciles les découvertes effectuées après lui. Quant aux erreurs assez nombreuses qu'il a commises dans ses calculs ou ses hypothèses, elles sont amplement rachetées par les vérités mises en relief, par les rectifications opérées dans les procédés antérieurs. On a dit de lui que, tout en ayant opposé au système de Copernic un système très-arbitraire que nous avons spécifié tout-à-l'heure, il a fortifié par ses travaux la doctrine copernicienne. Rien de plus évident : ses observations conduisent tout droit au principe de l'immortel auteur de l'ouvrage sur les *Révolutions des mondes célestes.* Sans doute on ne pourrait pas appliquer à Tycho-Brahé ce jugement porté par Arago sur Copernic, *qu'il fut le premier astronome de son siècle pour la profondeur des conceptions;* mais l'histoire ne s'est montrée que juste en inscrivant le nom de ce savant parmi ceux des observateurs les plus sagaces qu'ait jamais comptés la science astronomique.

Des services si réels furent-ils méconnus? ou du moins, comme il arrive souvent, la gloire de Tycho-Brahé ne brilla-t-elle que sur sa tombe? eut-il à souffrir de son siècle ce dédain qui torture plus cruellement certaines âmes que la persécution même? Quand on a lu sa biographie, on n'est guère porté, avouons-le tout de suite, à inscrire son nom sur le martyrologe de l'esprit humain. Dès sa jeunesse, la gloire le prend par la main pour l'élever sur le pavois ; puis elle ne l'abandonne plus. La fortune le comble de ses dons, et si, moins fidèle que la gloire, elle le délaisse un instant, ce n'est que pour venir bien vite le relever de sa détresse. Ce ne sont pas les obstacles qui s'opposèrent d'abord à sa vocation astronomique, ce ne sont pas non plus les petits désagréments que lui attirèrent ses premiers essais, qui pourraient être invoqués pour justifier son prétendu martyre. Ces difficultés furent de courte durée. A peine Tycho-Brahé était-il âgé de vingt-huit ans, que déjà, grâce à d'heureuses observations rendues publiques, son nom jouissait d'une célébrité européenne.

Après plusieurs voyages en Allemagne, où l'astronomie était plus cultivée qu'en Danemark, et où le jeune savant avait noué de nombreuses relations, il reçut un accueil des plus flatteurs dans la capitale de son pays. Le roi Frédéric II l'invita lui-même à ouvrir un cours public, qui obtint un succès éclatant. Il le combla de biens pour le retenir dans sa patrie. Arago rappelle le don qu'il lui fit de l'île de Hwen, où s'éleva bientôt le fameux observatoire d'Uranibourg, la concession d'une pension et celle d'un fief et d'un bénéfice dont les revenus étaient considérables. Retiré dans son île, entre Copenhague et Elseneur, Tycho-Brahé y vivait comme un monarque. Entre les hautes murailles flanquées de

tours de son palais, il avait un musée, une bibliothè-
que, des appartements d'été et des appartements d'hi-
ver, des logements pour recevoir les visiteurs, et
surtout de vastes laboratoires et des instruments très-
habilement construits par ses soins. Le seigneur de
cette principauté, aidé ou plutôt servi dans ses observations par vingt ou trente collaborateurs, tenait, on
peut le dire, le sceptre de la science en Europe. Tous
les hommes qui s'occupaient de questions scientifiques avaient les yeux fixés sur la petite île du Sund.
Les paroles qui en sortaient étaient acceptées comme
autrefois les oracles partis du temple de Delphes.

Cette splendide existence dura près de vingt années.
Il est vrai qu'elle eut à subir une soudaine interrup-
tion; elle avait été cependant assez longue et assez
exceptionnelle pour pouvoir encore être regardée
comme une rare faveur de la fortune. Qu'elle fût de
nature à exciter l'envie, cela ne surprendra personne.
Aussitôt après la mort du roi Frédéric, patron infatigable de Tycho-Brahé, les ennemis du savant donnè-
rent carrière à une animosité d'autant plus violente
qu'elle avait été plus longtemps contenue. Mais ce n'é-
tait point de la position scientifique du maître que ces
ennemis-là étaient jaloux; son opulence et les priviléges
dont il jouissait, voilà seulement ce qu'ils convoitaient.
Le plus puissant et le plus acharné de tous, si nous en

croyons des écrivains danois dont le récit est rapporté par Arago, avait même puisé son inimitié dans les incidents les plus puérils. A coup sûr, la science n'en était pas la source.

Rien de plus amer, sans aucun doute, que ce retour soudain de la fortune au milieu d'une prospérité jusque-là si constante. Rien de plus pénible pour Tycho-Brahé que d'entendre déclarer inutile l'observatoire d'Uranibourg, qui fut rapidement détruit, et traiter avec un mépris bruyant et ses travaux et ses découvertes. Banni de ses laboratoires par la réaction triomphante, le savant dut les regretter plus encore que ses bénéfices. La main du malheur ne s'appesantit pas néanmoins sur sa tête; Tycho-Brahé se déroba promptement aux outrages de ses ennemis en retournant dans cette Allemagne qui avait accueilli sa jeunesse avec tant de bienveillance. C'était l'exil, il est vrai, mais c'était l'exil sur une terre amie et au milieu d'hommes dont il possédait l'admiration. Si dans sa vieillesse le fondateur d'Uranibourg n'avait trouvé que le délaissement, oh! alors, en raison même du contraste avec sa vie passée, on pourrait le considérer comme une victime du sort; mais non, l'empereur Rodolphe II qui, à défaut d'autre mérite, eut du moins celui d'aimer et de cultiver les sciences, se plut à rivaliser de libéralité avec le dernier roi de Danemark. Il constitua au savant une splendide retraite en Bohême, et s'efforça de lui faire oublier les injustices de ses compatriotes. La gloire de Tycho-Brahé conserva tout son prestige ; sa pensée, toute la liberté de son essor ; et il ne resta, des inimitiés qui l'avaient un moment assailli, que le juste opprobre auquel la science les avait déjà vouées. Une consolation suprême était encore ménagée à l'exilé, une consolation qu'il devait apprécier malgré la disposition alors chagrine de son humeur ; il put léguer ses dernières instructions à un exécuteur testamentaire digne de les entendre, à Kepler lui-même, qu'il avait appelé auprès de lui, comme nous le verrons plus loin, et qui l'assistait à son lit de mort.

Certes, une telle vie ne rappelle guère l'idée d'un martyre. Tycho-Brahé nous semble devoir être regardé comme un des adeptes que la science a le plus favorisés. Voyons si elle a été plus dure envers les deux autres savants placés comme lui sur les confins du seizième et du dix-septième siècle.

III.

Au moment où Galilée s'offre à nos regards, n'oublions pas que le savant italien était à la fois philosophe et mathématicien, plus philosophe encore peut-être que mathématicien. C'est à sa polémique philosophique plutôt qu'à son enseignement scientifique qu'on doit attribuer les agitations de sa vie. Mais quelque distinction qu'on admette entre ces deux parties de son rôle, on ne peut nier que dans l'une et dans l'autre il n'ait témoigné d'un esprit éminemment positif. Dans la philosophie et dans la science de son temps, il a été un praticien de génie. Philosophe, il a réagi d'une manière décisive contre la philosophie scolastique, contre cette philosophie d'Aristote telle que l'avait faite le moyen-âge, qui en était venue à se repaître d'un fonds de propositions réputées immuables et de recherches stérilement spéculatives, dans le cercle étroit de la dialectique. Mathématicien et astronome, il a, sinon découvert, au moins vulgarisé les données les plus réelles et les procédés les plus sûrs que la science eût encore connus.

On a été porté, en Italie surtout, à attribuer une trop large part à Galilée dans les faits qui marquent les débuts de l'astronomie moderne. Il en devait être ainsi après l'espèce d'ostracisme dont sa doctrine avait été frappée. On pouvait s'attendre, suivant le cours ordinaire des choses, à une vive réaction. Il se rencontra des esprits dont l'enthousiasme ne connut point de bornes, n'admit aucune restriction dans la louange et s'irrita de la moindre controverse. Arago se prononce fortement contre ces admirations trop exclusives et trop fougueuses. Quoiqu'il ne manque jamais de produire ses raisons, nous n'oserions pas affirmer qu'il n'est pas parfois un peu entier dans ses jugements. Il appelle bien Galilée *un des plus grands génies qui aient honoré les sciences*, mais il met une certaine âpreté de langage à discuter la plupart de ses titres. Il s'empare de cette qualification de *génie extraordinaire* que Lagrange avait employée dans un sens très-laudatif, pour la transformer en une sorte d'appréciation vague, comme s'il s'agissait d'un esprit éminent sans doute, mais d'un esprit difficile à caractériser, et qui ne se serait placé nettement à la tête d'aucune branche de la science.

Quand on a lu les appréciations d'Arago, Galilée paraît descendre un peu du piédestal élevé à sa mémoire. Ce n'est pas que le savant biographe s'abstienne de mentionner ses titres ; non ; mais il les mentionne d'une manière incidente, tandis que la contestation de telles et telles découvertes attribuées à Galilée occupe le premier plan du tableau. Arago aura considéré, sans doute, que les services rendus étant universellement admis, il n'y avait pas à s'y arrêter ; il importait, au contraire, de rétablir la filiation méconnue de certaines découvertes. S'il nous fallait qualifier l'esprit dominant dans cette biographie, nous dirions volontiers que c'est un esprit de justice qui, à force de craindre de se montrer trop facile, devient parfois trop sévère. Ainsi, quelques écrivains s'étaient émerveillés de la rapidité des découvertes que Galilée dut à l'emploi des lunettes d'approche. Arago taxe ces juges d'incompétence, et ajoute que *quelques heures auraient pu suffire à toutes les observations que fit Galilée dans les années 1610 et 1611.* Des réflexions analogues apparaissent lorsqu'il s'agit soit de l'invention du microscope, soit d'une observation de Galilée sur les oscillations d'une lampe suspendue à la voûte d'une église, observation douteuse et cependant assez généralement considérée comme l'origine des découvertes que le Hollandais Huygens fit plus tard sur le pendule. Arago combat plus énergiquement encore la prétention de certains admirateurs de l'astronome italien qui le regardaient comme le premier observateur des taches solaires. Des preuves catégoriques sont rapportées à l'appui de cette opinion, que la priorité appartient ici à Fabricius. Il en est de même de la conséquence qui a été déduite de l'existence des taches, la rotation du soleil sur son centre. L'ouvrage de Fabricius avait paru depuis près d'un an lorsque Galilée parla pour la première fois de ses propres observations.

Un fait ressort de ces discussions, dans lesquelles les allégations de l'astronome italien sont fréquemment citées, à savoir, que ce dernier n'était pas lui-même trop scrupuleux sur les moyens à mettre en œuvre pour accroître sa renommée scientifique. Il n'avait pas d'ailleurs une modeste idée de son rôle ; on peut en juger par ce passage d'une lettre intime qu'il écrivait en 1638, c'est-à-dire quatre ans avant sa mort, et en faisant allusion à son état maladif et à sa retraite : « Ce ciel, ce monde, cet univers que, par mes observations merveilleuses et mes évidentes démonstrations, j'avais agrandi cent et mille fois au delà de ce qu'avaient cru les savants de tous les siècles passés, sont maintenant devenus pour moi si restreints et si diminués, qu'ils ne s'étendent pas au delà de l'espace occupé par ma personne. » Il est bien vrai que Galilée avait été dans le domaine des phénomènes célestes une sorte de révélateur. Il avait eu le premier la pensée de diriger vers les cieux les lunettes d'approche inventées en Hollande. Si cette application ne provenait pas de calculs scientifiques, elle attestait une idée vraiment ingénieuse, et le public a été porté à la juger moins en elle-même que par les résultats incalculables qu'elle a eus pour l'explication du mouvement des astres.

La lunette de Galilée était loin d'avoir la puissance des appareils astronomiques dont la science est aujourd'hui munie. Elle n'arriva pas à grossir plus de trente fois l'objet sur lequel elle était dirigée. Ce chiffre ne fut dépassé qu'après la mort de Galilée. Huygens porta le grossissement à quarante-huit, cinquante et quatre-vingt douze fois ; Cassini à cent cinquante fois.

Le mathématicien normand Auzout construisit, en 1664, une lunette qui grossissait six cents fois; mais elle avait une longueur focale vraiment colossale, une longueur de 97 mètres. On a depuis réalisé des forces bien plus grandes; cependant les lunettes n'atteignent point à des grossissements égaux à ceux qu'on peut produire avec les télescopes. Herschell, à qui on doit des perfectionnements si remarquables dans la construction de ce dernier genre d'instruments, a obtenu des grossissements de plus de six mille quatre cents fois. — Il serait superflu de s'étendre sur la différence existant entre les lunettes et les télescopes. Ces notions, qui appartiennent plutôt à la physique qu'à l'astronomie, sont aujourd'hui tout à fait élémentaires. Arago les a ramenées à un rare degré de simplicité dans les premiers livres de son *Astronomie populaire*, où il expose les principes de géométrie, de mécanique, d'horlogerie, d'optique, rigoureusement nécessaires pour l'intelligence de son enseignement. Il complète cette introduction par les détails les plus curieux sur l'histoire des instruments astronomiques. Cependant, nous ne croyons pas inutile de rappeler à la mémoire de nos lecteurs quelques traits essentiels.

Avec les lunettes astronomiques on regarde directement l'objet même qu'on veut observer; les rayons lumineux arrivent à l'œil par réfraction. L'instrument se compose de deux masses de verre terminées des deux côtés par des surfaces courbes, et qu'en optique on nomme *lentilles*. Chacun sait que celle de ces lentilles qui est tournée du côté de l'objet sur lequel on dirige la lunette s'appelle l'*objectif*, et l'autre, qui est placée près de l'œil, l'*oculaire*. Plus la lentille objective a d'ouverture et plus l'image a d'intensité. La lentille oculaire sert uniquement à agrandir les dimensions de l'image focale engendrée par la lentille objective. Avec le télescope, l'œil n'est pas dirigé vers l'objet, mais vers son image produite par un miroir de métal qui forme la pièce essentielle de l'instrument et joue un rôle analogue, quant à l'effet, à celui de la lentille objective d'une lunette. Les rayons arrivent alors par réflexion. C'est toujours la lentille oculaire qui grossit l'image. L'intensité de cette image est proportionnelle à la surface du miroir.

On comprend sans peine qu'il soit facile de construire des miroirs télescopiques ayant une dimension plus étendue que celle de l'objectif des lunettes. On n'a pu obtenir de masse de verre assez homogène pour constituer une lentille objective au delà de limites assez étroites ; on n'a pas dépassé 40 centimètres de diamètre. On a, au contraire, des miroirs de télescope qui dépassent de beaucoup un mètre de diamètre. D'où il suit que dans les télescopes les images focales

ont plus d'éclat que dans les lunettes et peuvent recevoir de plus fortes amplifications. Toutefois, la lumière
réfléchie par ce métal poli est loin d'égaler la lumière
primitive, celle qui tombe directement sur le corps qui
la réfléchit ; Arago ne croit pas être très-loin de la vérité en évaluant la différence à la moitié. L'affaiblissement, au contraire, est presque nul pour les rayons qui
traversent le verre objectif d'une lunette. La compa-
raison, sous le rapport de l'intensité de l'image, entre
un télescope et une lunette, ne peut donc s'établir
qu'en réduisant par la pensée la surface du télescope
dans une proportion qui varie suivant qu'il s'agit d'un
télescope à simple réflexion, comme le grand télescope
d'Herschell, ou à double réflexion, comme ceux de
Gregory et de Newton. Quelle que soit l'étendue de
la réduction opérée, l'impossibilité d'agrandir au delà
des proportions indiquées tout à l'heure l'objectif
d'une lunette, laisse un avantage réel au télescope.

La lunette de Galilée a été le point de départ des
nombreux perfectionnements effectués depuis dans la
construction des appareils d'optique pour l'astronomie.
C'est surtout à l'emploi de cet instrument que ce savant
doit son incomparable popularité. Il a été le premier à
reconnaître les phénomènes les plus propres à entraîner les imaginations. Il s'est trouvé en mesure de dé-
montrer avec évidence la vérité des enseignements de

Copernic, dont il a véritablement vulgarisé la doctrine. Ces titres ne sont pas les seuls qu'ait devant l'histoire des sciences cet illustre savant. D'après un témoignage dont personne ne saurait récuser l'autorité, le témoignage de Lagrange, c'est Galilée *qui a jeté les premiers fondements* de cette science toute moderne qu'on appelle la dynamique, et qui a pour objet les lois du mouvement des corps. Cette science portait en elle, dès l'origine, des germes précieux pour l'industrie. Comme elle allait nous permettre de déterminer l'intensité relative des forces qui meuvent les corps, la dynamique devait nous mettre en mesure de combiner ces forces de manière à produire les merveilleux engins qui aident si puissamment l'homme dans son labeur, et en qui semble résider le souffle vital. En reconnaissant l'action constante de la gravité sur l'accélération des corps pesants et le mouvement curviligne des projectiles, Galilée *a ouvert*, suivant les propres expressions de Lagrange, *une carrière toute nouvelle et immense à l'avancement de la mécanique.* Lorsqu'il proclamait que Galilée était le créateur de la dynamique, l'illustre géomètre ajoutait qu'il fallait plus de génie pour démêler les lois du mouvement des corps, que pour dévoiler à l'aide des lunettes d'approche tels ou tels phénomènes célestes. Cela est vrai devant la science; cependant, si Galilée s'en était tenu à ces recherches, là, et les eût-il poussées dix fois plus loin, il n'aurait jamais obtenu devant l'opinion cette éclatante renommée que lui ont value la vulgarisation de la doctrine copernicienne et ses découvertes astronomiques.

La grande réforme dont l'auteur de l'ouvrage sur les *Révolutions des mondes célestes* avait marqué le point de départ, c'est Galilée qui l'a véritablement rendue populaire. Le savant italien sut, en l'entourant de prestige, conquérir les imaginations. On lui contestera tant qu'on voudra le mérite de telle ou telle découverte, on ne lui ravira jamais l'avantage d'avoir, dès le début, brillamment illuminé l'arène nouvellement ouverte. Ces titres-là n'enlèvent rien du reste à l'auteur de la grande rénovation opérée dans l'astronomie. La science et l'opinion applaudiront toujours aux manifestations dont sa mémoire sera l'objet. La maison qu'avait habitée Copernic à Thorn et le tombeau où reposaient ses cendres furent visités par l'Empereur Napoléon Ier dans l'année qui suivit la bataille d'Iéna. La maison, encore garnie d'une partie des meubles de l'ancien chanoine, était occupée par un tisserand. L'empereur y remarqua un portrait de l'illustre astronome, dont il aurait désiré enrichir les collections de Paris; mais quoique pauvre, le possesseur de cette relique ne voulut pas s'en défaire. Le monument funèbre érigé dans l'église Saint-Jean tombait en ruine, l'Empereur le fit réédifier à ses frais. Ces témoignages éclatants étaient ratifiés d'avance par l'assentiment général.

La part étant ainsi faite entre Copernic et le plus ingénieux propagateur de son système, il reste à suivre ce dernier dans les agitations de sa vie et au milieu des traverses suscitées par son enseignement, et à examiner ce qu'il a réellement souffert pour la science. A-t-il trouvé en elle une dure marâtre qui pendant sa vie l'aurait abreuvé d'amertume? A-t-il, plus que Tycho-Brahé, mérité le beau nom de martyr? Cette question, Arago ne la discute pas, mais son récit la suggère encore cette fois.

Au dernier siècle, quand on parlait de Galilée, — et on en parlait souvent, — il était d'usage de montrer sans cesse en lui une victime du fanatisme et de l'intolérance. Son fameux procès devenait une arme de guerre contre l'Inquisition. On aurait dit que la persécution s'était constamment appesantie sur la tête du savant italien. Nombre de gens croyaient de bonne foi qu'il avait passé une notable partie de sa vie dans les cachots du Saint-Office. — Arago, nous avons hâte de le dire, s'est gardé de pareilles exagérations. Son esprit, sincèrement libéral, le mettait au-dessus de ces critiques qui ne craignent pas de travestir le passé. Notre siècle a d'ailleurs l'incontestable mérite d'avoir cherché avec une ardeur systématique la vérité dans

l'histoire, et d'avoir énergiquement répudié les altéra-
tions antérieures. C'est tout au plus si l'on peut relever,
dans la biographie de Galilée, certains passages où
l'auteur grossit un peu l'humiliation infligée à l'illustre
astronome du seizième siècle.

Pour se prononcer en connaissance de cause sur les
tribulations de Galilée, il faut qu'on se rappelle d'abord
que, jusqu'au moment où il eut des démêlés avec l'autorité ecclésiastique, sa vie n'avait été qu'une longue
série de succès. Le savant n'avait connu que les faveurs
de la fortune. Professeur de mathématiques à l'université de Pise, sa patrie, dès l'âge de vingt-cinq ans, puis
à celle de Padoue, dans les États Vénitiens, où il resta
une vingtaine d'années, il nous apparaît environné de
satisfactions croissantes. L'effet que produisit son enseignement a été dépeint par des auteurs italiens dans
des récits dont Arago n'admet pas tous les détails;
mais en retranchant de ces récits ce qu'ils ont d'em-
phatique, il reste encore démontré que les leçons de
Galilée avaient jeté un éclat inconnu dans l'histoire des
universités. Elles avaient retenti dans l'Europe entière,
où le nom du savant apparaissait au milieu d'une étin-
celante auréole. A Padoue, où commence sa grande
célébrité, il ne se trouva bientôt plus d'enceinte assez
large pour contenir un auditoire haletant et enthou-
siaste. Alors Galilée s'en allait en plein air expliquer,

sous la voûte même des cieux, les merveilles qu'il avait aperçues. Il parlait des nouveautés que lui dévoilait sa lunette, comme un navigateur parle des lointains pays que jamais le pied d'un homme civilisé n'avait foulés avant le sien. Il était le Christophe Colomb de l'Empyrée.

On devinera sans peine les joies du professeur, surtout si l'on songe aux traits essentiels de son caractère. Galilée avait l'âme incessamment altérée des émotions du succès ; c'était un orateur tourmenté par le désir de produire de l'effet ; c'était un savant qui avait besoin de sentir que sa science faisait du bruit dans le monde. Sous tous ces rapports, les vœux de Galilée étaient comblés. Non seulement il s'enivrait chaque jour des applaudissements de la foule pressée autour de lui, mais, en outre, ses paroles, volant à travers l'espace, agrandissaient singulièrement le cercle de l'admiration dont il recevait le tribut. Cependant il n'aurait pas suffi à cette personnalité envahissante d'avoir des admirateurs ; il lui fallait des adversaires, et des adversaires éperdus et foudroyés. Aussi Galilée n'épargnait-il rien pour fomenter autour de lui la résistance et l'attaque, sauf à se réserver d'accablantes répliques. Il sortait à tout moment du domaine de la science pour faire des irruptions dans celui de la philosophie ; il trouvait là un ample aliment pour le genre de controverse qu'il affectionnait le plus. Habile à lancer le sarcasme, il poursuivait de ses moqueries toute l'école scolastique, qui ne jurait que par Aristote, et par Aristote tel qu'elle l'interprétait elle-même. Battant en brèche, avec les formes les plus acerbes, cette philosophie dégénérée, il blessait au vif tous les docteurs de son temps. Les hostilités que soulevait une telle polémique ne nuisaient ni à la fortune ni à la gloire de Galilée. On en vit la preuve quand le grand-duc de Toscane l'invita à quitter Padoue et à revenir dans sa patrie, et le nomma son premier mathématicien. Galilée avait alors quarante-six ans. Il était placé par l'opinion à la tête de la science, non seulement en Italie, mais dans le monde entier. Ses ennemis avaient voulu dès longtemps éveiller contre son enseignement les susceptibilités de la cour de Rome ; mais ils avaient si bien échoué, que Galilée, lors d'un voyage dans la ville éternelle, y reçut un accueil empressé et des témoignages marqués de considération.

Rien n'eût été plus facile au professeur toscan, surtout avec les amis puissants et nombreux qu'il s'était faits, et avec sa colossale réputation, que de se soustraire à toutes difficultés relativement à ses doctrines scientifiques. Il n'aurait pas eu besoin de les abdiquer ; il lui aurait suffi de quelques ménagements de pure forme ; il lui aurait suffi de ne pas provoquer ses adversaires, comme il le faisait, en portant le débat sur le terrain des Écritures dont l'Église se réservait l'interprétation, et qu'il était d'ailleurs moins difficile qu'on ne le croyait alors de concilier avec les nouvelles découvertes astronomiques. Galilée se plut à préparer l'incendie, sauf à prendre soin, plus tard, de ne pas être atteint par les flammes. Il ne s'agit pas, sans doute, d'absoudre l'erreur qui fut le sujet des poursuites dirigées contre lui, ni les jalousies particulières qui s'y mêlaient. Tous les yeux se sont dessillés devant des démonstrations ultérieures. La sentence qui réprouvait la doctrine du mouvement de la terre autour du soleil a été annulée. Cependant ceux qui se refusaient, au temps de Galilée, à recevoir la théorie nouvelle, étaient assurément de bonne foi; ils avaient pour eux d'imposantes apparences et la tradition du genre humain.

Accusé une première fois, quelque temps après son retour de Padoue à Florence, d'empiéter sur le rôle de l'autorité religieuse, en prétendant fixer lui-même le sens de la Bible, Galilée n'avait fait aucune difficulté pour abjurer ses doctrines. Il avait prêté serment de ne plus les enseigner et de ne plus les publier. S'il fléchissait aussi complétement, c'est qu'il s'en remettait sans doute à l'avenir du soin d'établir la vérité des observations alors contestées; en attendant, il ne voulait pas compromettre sa tranquillité personnelle dans un débat inégal. Mais si la soumission avait été immédiate et sans réserve, elle ne dura pas longtemps. La promesse donnée fut ouvertement rompue par la publication de l'ouvrage intitulé *Dialogues*, dans lequel trois interlocuteurs discutent précisément toutes les questions interdites. Galilée avait usé d'artifice pour obtenir l'autorisation de faire imprimer son livre. La permission lui avait été refusée à Rome, où il était retourné lui-même, et bien qu'il y eût été accueilli mieux que jamais, bien qu'il y eût été l'objet de l'attention la plus bienveillante de la part du pape Urbain VIII, nouvellement élu et qui avait été son ami. De retour à Florence, il s'adressa aux agents de l'Inquisition dans cette ville, mais *sans les instruire*, comme le rapporte Arago, *de ce qui s'était passé à Rome*. Ce n'est pas tout : il les trompa eux-mêmes en mettant en tête de son ouvrage un avertissement qui faisait croire à une défense intrépide des décisions canoniques, et devant lequel s'arrêta l'œil satisfait des examinateurs. Arago cite le texte de cet avertissement, où respire un zèle brûlant pour les doctrines romaines.

Le livre eut un grand retentissement et occasionna un immense scandale ; il fut le sujet du procès dont les détails ont été si souvent dénaturés. Aujourd'hui, il n'est plus possible de reproduire sérieusement l'assertion que Galilée fut mis à la torture. Arago, qui ne saurait être suspect de partialité, constate lui-même que les preuves font défaut. Ajoutons que les inductions les plus concluantes s'élèvent contre cette imputation, qui était au dernier siècle une véritable arme de guerre employée sans scrupule et bien propre à agir sur les imaginations. L'odieux mode d'instruction judiciaire que la barbarie des âges précédents avait légué au 16e siècle devenait inutile, puisque Galilée avouait, promettait et jurait tout ce que demandaient ses juges. L'illustre accusé fut, au contraire, traité avec des égards particuliers, qu'auraient imposés au besoin et sa réputation et ses amis. Quand il vint à Rome pour répondre à l'accusation intentée contre lui, ce n'est pas dans une prison qu'il fut logé, mais dans la demeure de l'ambassadeur de Toscane. L'arrêt fut rendu le 20 juin 1633.

Lorsqu'on examine les relations les plus sûres de ce procès, on dirait qu'il avait été convenu à l'avance que des paroles très-sévères seraient prononcées, mais qu'ensuite on se contenterait de très-petits effets. Galilée fut d'abord renvoyé absous des peines prononcées contre les hérétiques; puis, comme auteur des *Dialogues*, il fut condamné à garder la prison suivant le bon plaisir du pape, et la détention fut de pure forme, car elle ne dura que quatre jours. On s'empressa de réintégrer Galilée chez l'ambassadeur de Toscane; puis on l'envoya à Sienne, dans le palais de l'archevêque, dont il était l'ami. Au bout de quelques mois il put regagner sa *villa* d'Arcetri, lieu charmant où il se plaisait à résider. S'il y avait dans le procès intenté à Galilée quelques violents ressentiments de docteurs offensés, avouons que la cour de Rome ne leur permettait pas d'aller bien loin. En rapportant les termes dans lesquels Galilée fut forcé de renoncer à la théorie que *le soleil est le centre du monde et que la terre se meut,* Arago s'écrie : « Conçoit-on rien de plus dégradant que cette obligation? » Peut-être conviendrait-il de se rallier plutôt à l'opinion de ceux qui, tenant compte de sa nature singulière, croient que Galilée n'était nullement offensé par une telle exigence. Qu'il ait ou non prononcé la fameuse parole : *Et cependant elle se meut!* il devait avoir la conviction du fait, et cette conviction-là le vengeait amplement de l'abjuration présente. Il n'avait pas à craindre qu'on 'parvînt à arrêter l'essor d'une telle vérité. Son esprit ironique aurait, au besoin, trouvé son compte jusque dans le sens excessif des déclarations qui lui étaient imposées.

Après cet épisode, épisode très-regrettable assurément, mais dont la renommée du savant devant la postérité n'a pas souffert, le vit-on disgracié par ses contemporains? Non ; il recevait, au contraire, à Arcetri les manifestations les plus propres à flatter son orgueil. Les étrangers qui visitaient l'Italie sollicitaient l'honneur d'être admis par l'illustre vieillard. Certes, à la fin de ses jours, il éprouva de cruelles afflictions, — la perte de la vue et la mort d'une fille adorée, — mais la science n'y était pour rien. Les courtes tribulations ressenties par Galilée ne sauraient donc lui valoir le titre magnifique de martyr de la science. A l'admiration si légitimement due à son génie et à ses travaux, il n'y a pas lieu de joindre cette autre admiration qui s'attache à de grandes infortunes courageusement affrontées dans l'intérêt de la vérité scientifique. Galilée a d'ailleurs été de son vivant environné de gloire, et c'est là surtout la récompense qu'il ambitionnait. Il avait aimé la science, oui, sans doute ; mais il l'avait aimée en docteur avide du succès, plutôt qu'en néophyte fervent, prêt à tout lui sacrifier. Il n'aspirait pas à cet héroïsme dont Polyeucte représente l'idéal et qui lui fait dire dans son recueillement :

> .... Adorables idées,
> Vous remplissez un cœur qui vous peut recevoir ;
> De vos sacrés attraits les âmes possédées
> Ne conçoivent plus rien qui les puisse émouvoir.

Galilée manquait de fermeté et d'abnégation, d'abnégation surtout, cette mâle vertu sans laquelle on ne va pas loin dans la carrière des sacrifices, mais sans laquelle aussi l'homme n'atteint jamais à la vraie grandeur morale.

IV.

Kepler a-t-il plus de droits que Tycho-Brahé et que Galilée au titre glorieux de martyr de la science? Disons-le tout de suite : la scène va se trouver ici complétement changée. Nous n'y verrons pas de ces coups soudains de la fortune comme celui qui frappa le possesseur d'Uranibourg; nous n'y verrons pas de ces luttes retentissantes comme celles qui remplirent la vie du professeur florentin. Les tortures qu'endura Kepler furent des tortures sans éclat mais continues, murées dans l'asile domestique mais implacables. Or, ces tortures-là éprouvent plus cruellement l'âme que des retours de fortune subits et passagers. Les grandes adversités ménagent à la pensée un aliment qui l'occupera plus tard. L'homme ne vit pas seulement de ce qu'il est, de ce qu'il a, pas même de ce qu'il espère ; il vit aussi de ce qu'il a eu et de ce qu'il a été. Les souvenirs sont encore une richesse, et une richesse qui brave les injures du sort. Cette richesse dont la possession, quoique mêlée d'amertume, n'en renferme pas moins un élément consolateur, Kepler ne la connut jamais. Il fut si constamment malheureux, qu'aucune phase de sa vie n'offrait à sa mémoire un épisode agréable où se reposer. Pour apprécier toute l'ingratitude de la science à son égard, il faut se rappeler les incomparables services qu'il lui a rendus.

La critique scientifique a procédé à l'égard des trois savants du seizième siècle en sens inverse de la renommée. Elle place Kepler fort au-dessus des deux autres ; Tycho-Brahé vient en seconde ligne, tandis que Galilée, dont la popularité dépasse si largement celle de ses deux contemporains, n'est mis qu'au troisième rang. Arago a classé Kepler sur un échelon encore plus élevé. Dans une de ses notices les plus soigneusement élaborées, dans celle qu'il consacre à Laplace, il considère la tâche accomplie par Kepler comme plus méritoire que celle de Copernic lui-même. Vingt-huit ans après la mort du chanoine de Thorn, dit-il, le Wurtemberg vit naître un homme *destiné à produire dans la science une révolution non moins féconde et plus difficile* que celle dont l'auteur de l'ouvrage sur les *Révolutions des mondes célestes* avait donné le signal. Ailleurs, en proclamant Newton le plus grand génie de tous les temps et de tous les pays, il croit devoir ajouter qu'il *ne fait pas d'exception pour l'immortel Kepler*. On dirait même qu'il lui en coûte de subordonner ce savant à quelque autre, et il se reprend ainsi : « S'il fallait désigner l'homme des temps anciens et des temps modernes qui a fait faire le plus de progrès à l'astronomie, je n'hésiterais qu'entre Kepler et Newton. » Dans ses jugements scientifiques, Arago est trop accoutumé à rendre compte de ses impressions pour s'en être tenu à des affirmations pures et simples. Le résumé qu'il dresse des ouvrages de l'astronome allemand fait comprendre l'étendue de ses travaux et la grandeur de son action sur les destinées de la science.

L'œuvre de Kepler, dans sa donnée générale, est aujourd'hui connue de tous. Ce n'est rien moins que la découverte des lois qui lient les uns aux autres les mouvements des astres. Ces lois se résument dans trois célèbres formules géométriques qui ont coûté une peine inouïe (1). C'est une grande gloire assurément que d'avoir expliqué les lois des révolutions planétaires; mais c'est une gloire plus haute encore peut-être d'avoir deviné l'existence et pressenti la nature de ces lois. Il fallait partir de cette double idée que les mouvements des différents astres ont été subordonnés à des règles simples, et que ces règles doivent être les mêmes partout. Il fallait trouver la clé de cette mécanique céleste, œuvre de Dieu, où se trouve réalisé l'idéal de l'harmonie.

En prenant pour tâche de chercher la raison des phénomènes observés, Kepler a introduit la méthode

(1) *Lois de Kepler :* 1° Le temps employé par une planète à décrire une portion de son orbite, est proportionnel à la surface de l'aire décrite pendant ce temps par son rayon vecteur ; 2° Les orbites planétaires sont des ellipses dont le soleil occupe un des foyers ; 3° Les carrés des temps des révolutions des planètes autour du soleil, sont dans le même rapport que les cubes des grands axes de leurs orbites.

philosophique dans l'étude de l'astronomie, méthode qu'Arago a lui-même pratiquée. Peu importe que le savant allemand échoue çà et là dans ses investigations; peu importe qu'il mêle parfois à ses calculs des idées aventureuses, et même les élans d'un mysticisme qui accuse un certain contact avec l'astrologie à laquelle on croyait encore au seizième siècle. Son rôle n'en est pas moins complet; le sillon lumineux n'en demeure pas moins ineffaçable. Kepler avait d'avance obéi communément à cette prescription que devait poser Newton dans l'ordre des mathématiques : *Ne tenez pour certain que ce qui est démontré.* La méthode de Kepler est entrée en ligne de compte dans l'appréciation que la critique a faite de son influence scientifique. Autant que ses découvertes mêmes, elle a valu à ce savant la qualification de créateur de l'astronomie moderne, qualification désormais attachée à son nom d'une manière impérissable. Copernic, Tycho-Brahé, Galilée marquent en effet cet âge qu'on peut appeler l'âge héroïque de la science. Depuis que Copernic a reconnu les vrais mouvements des astres, les phénomènes célestes apparaissent sous leur réel aspect; l'empirisme du passé s'évanouit devant des lueurs toutes nouvelles. Mais les démonstrations manquent totalement, ou bien elles sont incomplètes et incohérentes. On ne possède pas, même à l'état d'hypothèse scientifique, la raison des rapports existant entre les mouvements des mondes. Avec Kepler, arrive l'âge des calculs; avec lui la nouvelle science est constituée; l'astronomie est revêtue de ses caractères authentiques.

L'accomplissement d'une pareille tâche exigeait à coup sûr autant de persévérance dans la volonté que de pénétration dans l'esprit. Il fallait affronter les calculs les plus longs, les plus ardus. Les erreurs étant *inséparables,* comme le dit fort bien Arago, *d'un travail si colossal,* Kepler fut obligé plus d'une fois, au moment où il croyait atteindre au faîte de l'édifice, de rétablir sur de nouvelles bases ses échafaudages écroulés. La patience ne lui fit jamais défaut. Une imagination vraiment extraordinaire illuminait pour lui l'espace de mille lueurs ravissantes. La solitaire contemplation de l'immensité lui causait les plus vives jouissances. Parfois aussi, lorsque Kepler précisait les lois de ces mondes à travers lesquels il laissait emporter sa pensée, il avait comme un pressentiment de l'admiration que lui préparait l'avenir. Par bonheur, ces aiguillons suffisaient pour le tenir en éveil; aucun des stimulants, qui d'ordinaire animent l'homme dans les opérations difficiles ne lui venait du dehors. Son siècle lui refusait tout encouragement. Kepler n'arriva jamais, de son vivant, à une de ces positions scientifiques exceptionnelles, comme celles dont jouirent Tycho-

Brahé et Galilée, et dans lesquelles on est le point de mire de tous les regards. Il ne recueillit jamais ces tributs d'éloges qui sans doute enivrent quelquefois, mais qui sont de nature à provoquer les efforts des nobles âmes. Il faut dire aussi qu'il ne rechercha point les charmes de la renommée. Amant passionné de la science, il la cultivait pour elle-même. Il ne se préoccupait pas de dissimuler les mécomptes qu'il avait éprouvés dans ses calculs. Au lieu de parer l'exposé de ses travaux, il se contentait de formes défectueuses, tour à tour prodigue ou avare de détails. Ses ouvrages ont été comparés à de magnifiques édifices autour desquels l'architecte aurait laissé subsister les échafaudages qui ont servi à les construire. Il faut de la réflexion et des efforts pour apercevoir la beauté des conceptions sous le voile qui les masque.

On découvre en Kepler une qualité que dédaignent tous ceux qui n'envisagent la conduite de la vie qu'au point de vue des succès immédiats, mais qui n'en reste pas moins l'indice d'une nature accoutumée à la méditation. Cette qualité, c'est la modestie. Non pas que cette réserve éteignit dans l'âme du savant la conscience de sa force, elle le détournait seulement de toute idée de chercher à se faire valoir. Sa candeur native répugnait à tout artifice. Or, le mérite le plus incontestable ne saurait guère se passer de savoir-faire. La gloire se complaît rarement à visiter ceux qui la négligent, ou du moins elle se fait attendre ; souvent même elle ne vient illuminer de ses rayons que la pierre d'un tombeau. Telle fut la destinée de Kepler. Sa vie, tout absorbée par ses études, semble entourée d'une obscurité profonde, quand on la compare à la vie de Tycho-Brahé ou à celle de Galilée, qui, l'un et l'autre, recherchaient si passionnément le bruit et l'éclat, et se montraient si habiles à soigner leur renommée. Le rôle de Kepler passe, au contraire, presque inaperçu de ses contemporains. De longues années s'écoulent avant que toute la valeur de ses travaux ne soit reconnue. Newton commença le grand acte de réparation envers cette illustre mémoire, à laquelle Arago est venu apporter un si juste tribut d'éloges.

Maltraité par la science au point de vue de la gloire, Kepler ne la trouva pas plus propice, nous l'avons déjà dit, sous le rapport de la fortune. La misère l'avait marqué dès son enfance d'un sceau qui demeura ineffaçable. Chacun sait que la famille de Kepler, ruinée par les événements, avait été réduite à ouvrir un cabaret, et que le futur astronome y fut occupé de soins serviles qui semblaient devoir le tenir éloigné pour jamais des études scientifiques. Toujours cependant quelque issue soudaine s'ouvre devant ceux auxquels la Providence a départi un grand rôle. On voit bientôt le fils du cabaretier recueilli par les moines du couvent de Maulbrunn, qui furent ses premiers, peut-être ses seuls amis. Il fut poussé par eux à l'université de Tubinge, où il devait étudier la théologie. Mais un professeur de mathématiques des plus distingués de l'époque, Michel Mœstlin, reconnut sa merveilleuse aptitude pour les sciences positives, et dirigea de ce côté son esprit encore flottant. Nommé, quelques années plus tard, professeur d'astronomie à Graëtz, le jeune savant put croire que son sort matériel était assuré. Il n'en fut rien : à peine sortie du port, sa barque fit un premier naufrage sur l'écueil des dissensions religieuses dont l'Allemagne était tourmentée depuis Luther, et auquel elle devait se heurter plus d'une fois. La perte de son emploi le prive bientôt de tout moyen d'existence.

C'est alors que Tycho-Brahé l'appela près de lui à Prague en qualité d'aide. Kepler obtenait ainsi le patronage du savant danois, patronage précieux sans doute sous le rapport scientifique, mais qui n'était pas exempt d'amertume. Mécontent de tout le monde dans son exil, quelque brillant qu'il fût, Tycho-Brahé donnait librement carrière à sa nature exigeante et hautaine. Certains hommes ne voient guère qu'eux-mêmes dans la protection qu'ils accordent à autrui. Tycho-Brahé était de ceux-là. Aussi laissait-il son infortuné collaborateur, ce même Kepler qui devait plus tard éditer ses écrits avec tant de dévouement, solliciter jour par jour, et souvent sans succès, ses maigres émoluments. Kepler devint astronome de l'empire après la mort de Tycho-Brahé, et pourtant sa situation ne s'améliora point. Le trésor impérial, épuisé par la guerre sous le règne de Rodolphe II et sous celui de son frère Mathias, s'endettait volontiers envers le professeur, laissant monter l'arriéré jusqu'à 29,000 florins. On le consulta maintes fois sur des questions scientifiques; on voulait même parfois qu'il pénétrât les secrets de l'avenir; mais on ne lui payait pas son traitement avec plus de régularité. Comme Kepler, qui s'était marié deux fois, avait une nombreuse famille, il restait le plus souvent sans les moindres ressources. Pour procurer du pain à ses enfants, il était contraint de descendre des hauteurs de ses calculs, et de composer des almanachs astrologiques qui se vendaient dans les foires de l'Allemagne. On n'admirera jamais assez comment, sous le poids d'exigences domestiques aussi cruelles, il a pu conserver son ardeur pour l'étude et la sérénité de sa pensée.

Encore ne disons-nous rien des malheurs qui ne lui venaient pas de la science. Nous n'avons point à rappeler que sa première femme mourut folle, que trois enfants lui furent enlevés dans une seule année, que sa mère fut inculpée de sorcellerie et n'échappa qu'avec peine au dernier supplice. Indépendamment de ces coups d'une fortune adverse, il reste dans la carrière du savant assez de titres pour qu'il reçoive le glorieux nom de martyr de la science. Des trois astronomes de la fin du seizième siècle, Kepler seul a été réellement malheureux. Au souvenir des tourments qu'il a endurés dans la tâche à laquelle l'attachait son opiniâtre vocation, personne ne saurait hésiter à déposer la palme sur le mausolée qu'une piété tardive lui a bâti dans la ville de Ratisbonne, où il est mort. L'histoire restera éternellement partagée entre l'admiration qu'éveille l'œuvre du savant et la sympathie douloureuse qui s'attache aux souffrances de l'homme.

CHAPITRE QUATRIÈME.

Génie de François Arago ; — ses principales découvertes.

Lorsqu'après avoir vu quel était le bilan des connaissances humaines en fait d'astronomie au moment où les doctrines coperniciennes commencèrent à gagner du terrain, on reporte les yeux sur l'état de cette science au milieu du dix-neuvième siècle, on ne saurait se garantir de deux sentiments très-divers et presque contradictoires. Si l'on envisage seulement la carrière parcourue depuis deux cent cinquante ans, on demeure frappé de cette heureuse audace de l'esprit humain, qui a dévoilé tant de lois cachées et pénétré dans des mondes si lointains. Songe-t-on, au contraire, au peu que nous savons, en réalité, de l'état des mondes célestes et de leur destination, on est tenté de ne plus voir que les abîmes qui entourent l'homme et qui semblent le tenir muré dans un point de l'espace. Il serait également fâcheux de se laisser aller trop loin dans un sens ou dans l'autre. La véritable mesure du progrès effectué mérite d'être établie. Jadis, l'homme croyait connaître certaines lois de l'ordre physique ; mais il admettait ces lois sans avoir aucun moyen de les contrôler. Eh bien ! il est parvenu d'abord à constater mathématiquement le caractère erroné de beaucoup de ses croyances ; il a pu, en outre, se former des convictions nouvelles et les asseoir sur des démonstrations rigoureuses. Ce qu'il sait aujourd'hui, il le sait avec certitude. Non pas que l'hypothèse n'occupe encore une large place ; mais la science actuelle peut dire où la certitude finit et où commence le doute. Voilà le vrai triomphe de l'astronomie moderne ; son mérite est bien moins de nous expliquer l'importance de ce que nous savons que de nous faire comprendre combien est vaste le domaine de l'inconnu. Précieuse connaissance, en effet, d'autant plus précieuse, qu'elle laisse l'immensité incessamment ouverte aux recherches, tout en étant de nature à protéger l'esprit contre d'orgueilleux enivrements !

Le mouvement progressif de la science depuis Kepler jusque dans la première partie du dix-neuvième siècle, a été retracé avec un soin spécial par Arago, notamment dans l'analyse des travaux de Cassini, de Huygens, d'Halley, d'Herschell et de Laplace. Le savant biographe a même précisé les principales conditions du programme qui restait à remplir après la découverte des lois kepleriennes. Une fois la forme elliptique des orbites planétaires reconnue, il fallait, a-t-il dit, rechercher une cause physique capable de faire parcourir aux planètes des courbes fermées ; il fallait placer dans des forces le principe de la conservation des mondes, non dans des appuis solides comme l'avaient rêvé les anciens, et étendre aux mouvements des astres les principes généraux de la mécanique. Cette tâche immense, Newton en accomplit à lui seul la plus large partie. Ses divers ouvrages, et surtout ses *Principes mathématiques de la philosophie naturelle,* qu'Arago appelle *la production la plus éminente de l'intelligence humaine,* ont eu pour effet de combler un vide énorme. Quoique ce soit des lois kepleriennes que le grand géomètre anglais fasse surgir les caractères mathématiques de la tendance au rapprochement qu'il suppose exister entre les astres, en un mot, de l'attraction, sa célèbre théorie ne lui reste pas moins complétement propre. Au dix-huitième siècle et au commencement du dix-neuvième, des mathématiciens illustres, Euler, d'Alembert, Lagrange, Laplace, etc., puis des savants qui vivent au milieu de nous, ont encore élargi ou élargissent chaque jour l'horizon de l'astronomie.

Cette revue des conquêtes de la science moderne nous amène tout naturellement à la question de savoir quelle est la part de François Arago dans ces grandes réalisations. Nous avons à nous demander, d'une manière générale, comment il a contribué aux progrès des sciences physiques? Question délicate sous plus d'un rapport, et que nous n'aurions point abordée s'il ne nous était possible de prendre conseil pour y répondre des témoignages rendus par les juges les plus compétents. L'opinion publique a, dès longtemps, placé Arago dans la phalange de ces hommes à qui il a été donné d'ouvrir de nouveaux sentiers, de grossir le noble faisceau des vérités scientifiques. Pour vérifier ses titres à un si beau rang, il ne s'agit pas, bien entendu, de s'enquérir si sur un point déterminé, Arago est l'égal de tel ou tel de ses devanciers. Une pareille recherche serait oiseuse. Néanmoins, puisque nous avons nommé plus particulièrement dans le précédent chapitre les trois savants de la fin du seizième siècle, Tycho-Brahé, Galilée et Kepler, il nous sera bien permis d'examiner si l'ancien secrétaire perpétuel de l'Académie des sciences ne participait pas par certains côtés du caractère distinctif de chacun d'eux.

Il est incontestable d'abord que les nombreuses observations faites par Arago réveillent le souvenir de cette sagacité que Tycho-Brahé porta si loin dans ses investigations. L'astronomie du dix-neuvième siècle a rendu les conditions géométriques d'observations plus faciles, plus régulières, plus précises qu'elles n'étaient auparavant. Si l'on envisage ensuite l'auteur de l'*Astronomie populaire* dans son rôle de vulgarisateur, on lui trouve plus d'une fois, surtout dans ses calculs sur divers phénomènes de la physique, cette intuition qui éclate chez Kepler, jointe en ce dernier à une inaltérable patience. Mais cette patience, qui attachait le génie du savant wurtembergeois à une question, jusqu'à ce que cette question fut entièrement épuisée, ne se retrouve pas au même degré chez Arago. Si l'on excepte ses expériences relatives à l'optique, dans lesquelles il a porté un esprit de suite infatigable, il s'arrêtait volontiers après une première conquête, sans chercher à en poursuivre toutes les conséquences. Il a, par exemple, laissé à d'autres le soin de perfectionner et d'agrandir quelques-unes de ses découvertes en physique. La persévérance de sa volonté apparaissait seulement dès qu'au lieu de poursuivre des opérations définies, il s'agissait d'exercer une action générale sur l'ordre scientifique.

Tous les rapprochements qu'on peut faire laissent, en définitive, à François Arago une personnalité fort tranchée. Il est lui-même dans tous ses travaux. Sans doute, on a pu dire que, parmi ses observations appartenant au domaine de l'astronomie, de la physique céleste, de la météorologie, il s'en trouve un certain nombre que tout homme spécial, s'il avait eu à sa disposition les mêmes instruments, aurait pu faire aussi bien que lui; dans ces cas-là, le savant mêle encore à ses explications des traits qui lui sont propres. Les faits observés le conduisent à tout moment à certaines inductions qui révèlent le coup-d'œil du maître.

Des quatre grandes découvertes en physique dont la science est redevable à François Arago, deux au moins peuvent être qualifiées de primordiales, parce qu'elles s'appliquent à des faits dont l'existence n'était pas même soupçonnée avant lui. Nous voulons parler 1° de la polarisation chromatique ou colorée, c'est-à-dire des couleurs que fournit un rayon de lumière déjà polarisé; 2° du développement du magnétisme par la rotation, c'est-à-dire de cette circonstance que le cuivre en mouvement influence l'aiguille aimantée jusqu'au point de l'entraîner, et qu'à l'inverse l'aiguille aimantée est arrêtée par du cuivre en repos. Les deux autres découvertes figurent avec un éclat presque égal dans les annales de la physique. Celle qui se rapporte à l'effet qu'on peut produire sur deux rayons lumineux interférents en plaçant sur la route de l'un d'eux une lame transparente, a permis d'étudier les différences de vitesse de la lumière dans divers milieux, et facilité la solution de plus d'un problème important. La dernière, qui était une sorte de développement des expériences du physicien danois Œrsted sur l'influence réciproque des aimants et des courants électriques, agrandissait le domaine de l'analyse appliquée aux phénomènes de l'électricité, domaine curieux où les magnifiques travaux d'Ampère sont venus formuler les lois de l'électro-dynamisme. Ces quatre découvertes assignent à Arago une place parmi les plus illustres physiciens du dix-neuvième siècle, à côté de Gay-Lussac, d'Ampère et de Fresnel.

Il convient d'insister sur les recherches relatives à la lumière, dans lesquelles Arago déploya, comme on l'a dit tout-à-l'heure, un esprit de suite tout particulier. La partie de la physique à laquelle appartiennent les recherches de cette nature, était demeurée comme enve-

loppée de mystère jusqu'à Fresnel. Le phénomène de
la réfraction, c'est-à-dire la déviation que subissent les
rayons lumineux, en passant de l'eau dans l'air, ainsi
que l'atteste aux yeux de tous, l'aspect brisé qu'offre
un bâton plongé dans l'eau , avait été, il est vrai, expliqué mathématiquement par Descartes. Mais c'est à
Fresnel qu'on doit l'analyse des phénomènes si com-
pliqués de la double réfraction. Arago, qui fut l'intime
ami de Fresnel, et qui, après la mort de ce dernier,
a brillamment retracé la suite de ses travaux devant
l'Académie des sciences, s'était parfois joint à lui pour
l'étude de quelques problèmes de l'optique ; par exemple, pour celle de certains phénomènes de l'*interférence*.

Pour apprécier l'importance des découvertes qu'Arago
avait faites de son côté, sur la même matière, rappelons-nous que l'*interférence* n'est autre chose que
le croisement et le mélange de deux rayons lumineux
partis de points divers. Chacun de ces rayons, pris isolément, aurait pour résultat d'éclairer le corps sur lequel il serait dirigé. On devrait dès lors, semble-t-il,
conclure de là que les deux rayons en se mêlant pro-
duiront une lueur plus vive. Eh bien ! non, *ils se détrui-
ront quelquefois tout-à-fait ;* et dans certaines conditions
on arrivera à ce résultat singulier, « qu'on crée les té-
« nèbres en ajoutant de la lumière à de la lumière. »
Arago était parti de ces faits, récemment acquis à la

science, quoique entrevus dès le seizième siècle. Dès qu'il eut constaté d'une manière précise, par la découverte mentionnée plus haut, qu'en plaçant une lame très-mince et transparente sur la route d'un rayon lumineux, avant sa rencontre avec un autre rayon, on retardait le premier rayon dans sa marche, la théorie de l'émission créée par Newton était détruite, et celle des ondulations prenait définitivement place dans la science. C'est ainsi qu'une expérience fort simple, mais d'une signification évidente, venait consacrer la doctrine nouvelle, doctrine qu'on ne pouvait induire qu'imparfaitement du seul phénomène de l'*interférence*. Tel est le fait, en quelque sorte pratique, qu'il était utile de consigner ici.

Ces recherches préoccupèrent Arago jusqu'à la fin de sa vie. L'affaiblissement de sa vue l'empêcha seul de procéder à des expériences sur la différence de vitesse de la lumière dans un liquide et dans l'air, qui devaient, comme il l'exposait dans une note présentée à l'Institut en 1850, trois ans avant sa mort, *ajouter une nouvelle preuve en faveur du système des ondes, aux preuves qu'il avait déjà déduites du phénomène d'interférence.* Il a pu, d'ailleurs, voir le problème qu'il avait posé, résolu, sinon exclusivement par les moyens qu'il avait indiqués, du moins de manière à fortifier encore la doctrine de l'ondulation.

Un fait digne de remarque dans la série d'études effectuées par l'ancien secrétaire perpétuel de l'Académie des sciences, c'est que ses plus brillants travaux sont antérieurs au moment où il fut atteint par les exigences de la vie politique. Ils datent de 1811, de 1820, de 1824. Qu'il aimât trop la science pour omettre de lui réserver toujours la plus belle part de son temps, les habitudes de sa vie ne permettent pas d'en douter. Nous reconnaissons même que, dans sa carrière politique, de 1830 à 1848, Arago a usé, en maintes occasions, de son influence comme savant pour faire triompher des mesures utiles. Il ne faut guère excepter que la question des chemins de fer, dans laquelle, malgré les jets lumineux dont ses rapports sont remplis, il laissa visiblement dominer l'élément politique. Mieux vaudrait pour la science qu'il l'eût jusqu'à la fin servie sans partage. Peut-être alors devrions-nous à cet investigateur, dont l'esprit était aussi pratique qu'ingénieux, quelques découvertes de plus; peut-être eût-il grossi encore davantage le faisceau des conquêtes réalisées par l'esprit humain.

Avant la réunion des œuvres d'Arago (1), on ne se rendait pas exactement compte, même dans les rangs

---

(1) La collection des œuvres d'Arago est publiée d'après son ordre sous la direction de M. J.-A. Barral, qui déploie dans ce travail un soin et un dévouement dignes des plus grands éloges. (GIDE et BAUDRY, édit.)

du monde savant, de la multiplicité des applications qu'avait reçues sa pensée. Inédites ou éparses, la plupart de ses productions scientifiques n'étaient connues que d'un petit nombre d'hommes spéciaux. Je pourrais en citer de nombreux exemples. Je me borne à mentionner la partie de ses ouvrages comprenant les instructions rédigées pour des missions scientifiques, pour de grandes explorations maritimes. Rien de plus clair et de plus prévoyant. Pour se faire comprendre, le savant parsème ses notices de curieuses explications sur une infinité de phénomènes physiques. Et cependant, si l'on excepte les hommes auxquels elles étaient destinées, ces instructions, de même que les rapports ultérieurs auxquels donnait lieu l'accomplissement des missions, sont longtemps restés une lettre morte presque pour tout le monde. Le rôle scientifique d'Arago ne pouvait dès lors être embrassé dans son ensemble. On ne le connaissait, oserais-je dire, que par fragments. On proclamait que ce savant était l'une des intelligences les plus éminentes de notre époque; mais on le proclamait ainsi par une sorte d'instinct, et sans pouvoir en exhiber nettement les preuves. Ses œuvres seront pour sa renommée un piédestal indestructible.

CHAPITRE CINQUIÈME.

Influence de François Arago ; — sa méthode.

L'influence d'Arago se lie de près à sa méthode ; or, la méthode que ce savant a toujours pratiquée procède directement des traditions de la grande école scientifique moderne, telle que l'ont fondée Kepler, Descartes et Newton. Elle témoigne du dessein de rattacher les uns aux autres les faits isolés. En recherchant l'identité des causes qui engendrent les phénomènes du monde matériel, Arago élevait la pensée, selon les expressions de M. de Humboldt, *vers les régions les moins accessibles de la philosophie naturelle.*—La science, à notre époque, s'échappant des entraves par trop matérielles qui l'avaient généralement enveloppée durant le dernier siècle, accuse la tendance de diriger de plus en plus les intelligences de ce côté. Supposez qu'un savant n'aperçoive rien au-delà des problèmes qu'il envisage ; quelle que soit l'étendue de ses connaissances, il déprime lui-même le niveau de ses études. Si les lois connues de la nature, si les mystères au milieu desquels nous vivons revêtent une singulière magnificence pour les yeux du corps, combien ils en ont davantage devant cet *œil de l'esprit* dont parle Hamlet, œil perçant qui sait à travers les phénomènes physiques découvrir la main puissante d'où l'ordre du monde est sorti. Chercher le lien secret qui unit l'ordre naturel à l'ordre philosophique, telle est la plus noble tâche offerte à l'esprit humain. On s'avancerait trop en disant que l'ancien secrétaire perpétuel de l'Académie des sciences a eu constamment cet objet en vue ; on s'aperçoit du moins qu'il a un sentiment très-prononcé du devoir imposé ici à la science, devoir impérieux qui domine au dix-neuvième siècle dans l'ordre spéculatif, de même que domine dans l'ordre pratique le besoin d'arriver à des fins utiles au grand nombre.

Par son admirable intelligence des caractères distinctifs de la science contemporaine, Arago mérite d'être compté parmi les représentants les plus illustres du mouvement intellectuel au dix-neuvième siècle. Il est un de ceux qui ont accompli la plus vaste tâche, un de ceux qui ont le plus constamment vécu de la vie de l'esprit, et cela dans la solide arène des sciences. Il avait des vues qui lui étaient propres et des aspirations vers un but nettement défini. Ses observations, ses recherches, ses découvertes témoignent en effet d'une singulière force de conception. La réalité et la grandeur de son but apparaissent dans cette suite ininterrompue d'efforts pour assurer l'avancement de la science.

Un membre de l'Institut, dont nous avons déjà cité quelques paroles, M. Flourens, a dit *qu'Arago joignait à une pénétration sans égale un talent d'analyse extraordinaire.* « L'exposition des travaux des autres semblait être un jeu pour son esprit. » Cette merveilleuse faculté brille, en effet, du plus vif éclat dans une notable partie de ses ouvrages, dans les *Notices scientifiques*, dans les *Notices* et les *Mémoires scientifiques* et dans les *Rapports sur les voyages scientifiques*. Toutefois, si l'ancien secrétaire perpétuel de l'Académie des sciences réussissait si bien à faire valoir les idées émises par d'autres, c'est qu'il les encadrait dans les siennes propres, c'est qu'il les examinait, et les appréciait avec une rare sûreté de jugement. Il prenait l'œuvre d'autrui sous l'égide de sa science ; il se l'appropriait en quelque sorte. Il n'en était pas moins tout à son sujet, s'oubliant lui-même alors qu'il mettait le plus du sien dans les observations ou les doctrines qu'il exposait. S'agissait-il de donner du relief à des découvertes nouvelles, il éprouvait un bonheur visible à remplir cette fonction.

Les œuvres de ce savant attestent des facultés destinées à lui assurer, dans l'ordre scientifique, l'exercice d'un vaste et puissant patronage. Arago semblait avoir été formé pour donner une direction au mouvement des sciences. La volonté d'agir s'unissait en lui à la conscience de sa force. C'est cette tendance, toujours énergique, qui l'a fait accuser quelquefois de se montrer intraitable dans ses aspirations vers une influence omnipotente ; mais ensuite, dans l'exercice de cette influence, il était facile et bienveillant. « Il savait, dit encore M. Flourens, par une familiarité toujours pleine de séduction dans un homme supérieur, gagner la confiance, et se concilier à propos les adhésions les plus vives ; ce don, cet art du succès, il le mit tout entier au service de l'Académie des sciences dont il était devenu l'organe. » Ce dévouement à ses fonctions fut le véritable point d'appui de son autorité. M. Alex. de Humboldt, qui se félicite d'avoir été l'ami d'Arago pendant quarante-quatre années et qui avait pu le connaître à fond, a relevé, parmi les signes essentiels de sa physionomie morale, *le mélange attrayant de la force et de l'élévation d'un caractère passionné avec la douceur affectueuse des sentiments.*

On est charmé de voir avec quel soin Arago se constitue, chaque fois que l'occasion s'en présente dans ses écrits, l'apologiste des idées généreuses. C'était là un besoin de sa nature ; c'était aussi un moyen assuré d'éveiller un écho dans l'âme d'autrui. A cette même source, Arago avait puisé l'habitude d'un désintéressement inaltérable. Que le savant ait pu errer sur un point donné dans l'accomplissement de son rôle scientifique, rien de plus naturel ; mais il possède l'avantage de rester et de paraître toujours au-dessus des suggestions de l'intérêt privé.

Un mérite de l'ordre littéraire apparait, en outre, dans tous ses travaux. Parmi les publications de l'ordre scientifique faites dans tous les temps et dans tous les pays, il n'en est point qui soient accessibles à un plus grand nombre de lecteurs. Grâce à une merveilleuse puissance d'assimilation, Arago avait acquis les connaissances les plus étendues, les plus variées et les plus solides. Il s'en servait habituellement pour orner et pour animer l'exposé des questions les plus ardues. On sentait, d'ailleurs, qu'il était doué de cette pénétration d'esprit, de cet instinct en quelque sorte divinatoire, indispensable pour entr'ouvrir le trésor des vérités que la nature dérobe à l'esprit humain sous le voile de si profonds mystères. Quant à la lucidité de ses démonstrations, elle est devenue proverbiale. Elle éclate dans ses rapports et ses mémoires sur une foule de sujets techniques. Nulle part peut-être elle n'a brillé d'un plus vif éclat que dans son cours d'astronomie qui est devenu *l'astronomie populaire*, et auquel se pressa toujours un nombreux auditoire composé des éléments les plus divers. Les jeunes gens des écoles et les hommes du monde qui en formaient le noyau ne s'étaient guère préparés, pour la plupart, par des études spéciales à l'intelligence du sujet; cependant le professeur savait se faire comprendre de tous. Nous avons pu juger bien des fois par nous-même à quel point il tenait l'attention suspendue à sa parole. Ne croyez pas qu'il cherchât l'effet dans la pompe de l'élocution ; non : il avait un débit très-simple, et n'employait les images qu'avec une extrême sobriété. Dans son enseignement, de même que dans ses écrits, il ne prodiguait pas les mots inutilement. Il aimait à laisser l'auditeur deviner quelque chose; il stimulait ainsi sa pensée, mais l'extrême clarté des explications rendait la tâche facile à ce dernier et lui ménageait le secret plaisir de croire qu'il ajoutait quelque nouveau trait au tableau tracé par le puissant crayon du maître.

On ne pourrait savoir trop de gré à François Arago des exemples qu'il a donnés dans l'exposition des questions scientifiques. Jamais il n'a mis en oubli la dignité du sujet. Alors même qu'il s'efforçait d'ouvrir à deux battants les portes du temple, il n'en maintenait pas moins la divinité sur son autel. La science, qui a pour objet de révéler à l'homme la cause des phénomènes dont il est entouré, et de lui apprendre par quels moyens il peut s'emparer de la direction des forces du monde matériel, ne saurait se plier aux caprices de la fantaisie. En la dégageant des formules rebutantes et des calculs arides, avec les ressources de son érudition littéraire ou avec les richesses de son imagination, Arago sut toujours lui prêter un noble langage.

Utile à rappeler dans tous les temps, son exemple offre un intérêt singulier à une époque comme la nôtre, que distingue la pensée de diriger l'attention populaire vers les vérités scientifiques. Si l'on cherchait à présenter la science sous des aspects plus ou moins plaisants, sous prétexte de la rendre attrayante, on manquerait complétement son but. On ne fournirait à l'esprit aucun aliment substantiel. L'erreur serait même d'autant plus funeste qu'elle serait commise avec plus de bonne foi. Nous pourrions peut-être employer ici un mot qu'un penseur altier, mais profond, appliquait à l'histoire religieuse : « Il n'y a rien de plus dangereux, disait Joseph de Maistre, que les bons mauvais livres. » En effet, les erreurs de méthode commises par des hommes bien intentionnés sont d'autant plus funestes qu'on s'y confie plus docilement.

La voie tracée par Arago doit donc être étudiée par tous ceux qui ont à cœur de faire pénétrer les vérités scientifiques dans les différentes classes sociales. Si nous recommandons bien haut cet exemple, ce n'est pas que nous fussions embarrassés pour citer des écrivains qui s'en inspirent, et qui réussissent à être attrayants et clairs tout en restant corrects et mesurés, c'est que cette ligne correspond à un réel besoin de notre temps, et s'accorde avec les exigences les plus manifestes de notre sociabilité. C'est assurément là une des formes sous lesquelles Arago a servi le plus activement la cause des idées actuelles et du progrès social. L'avenir, qui nous semble devoir encore grandir son nom, dira de lui qu'il a non-seulement résumé le sens et la portée des conquêtes antérieures, mais qu'il a contribué plus qu'aucun autre à fixer le caractère du mouvement de la science au dix-neuvième siècle.

FIN.

LISTE

OUVRAGES DE FRANÇOIS ARAGO.

Notices biographiques (trois volumes). Cet ouvrage est précédé d'une introduction aux œuvres d'Arago, par M. Alexandre de Humboldt, et d'une histoire de la jeunesse de François Arago, écrite par lui-même. Cette autobiographie renferme en particulier des détails curieux et parfois piquants sur la mission scientifique que l'auteur remplit en Espagne de 1806 à 1809. — Les notices sont consacrées à Fresnel, Volta, Young, Fourier, Watt, Carnot, Ampère, Condorcet, Bailly, Monge, Poisson, Gay-Lussac et Malus.

La plus grande partie du troisième volume se compose des *Biographies des principaux astronomes :* Hipparque, Ptolémée, Al-Mamoun, Albategnius, Aboul-Wéfâ, Ebn-Jounis, Alphonse X, roi d'Espagne, Régiomontanus, Copernic, Tycho-Brahé, Guillaume IV

9.

(landgrave de Hesse), Kepler, Galilée, Descartes, Hévélius, l'abbé Picard, J.-D. Cassini, Huygens, Newton, Rœmer, Flamsteed, Halley, Bradley, Dollond, Lacaille, Herschell, Brinkley, Gambart et Laplace.

Notices scientifiques (cinq volumes). Ces notices, écrites pour les gens du monde, donnent des notions étendues sur le tonnerre, l'électro-magnétisme, l'électricité animale, le magnétisme terrestre, les aurores boréales; les machines à vapeur, les télégraphes, les chaux et mortiers hydrauliques, les phares, les puits forés, la filtration et l'élévation des eaux, etc. Une large place y est réservée à des études sur l'optique, l'astronomie et la météorologie, etc.

Mémoires scientifiques (deux volumes). Ces mémoires, en partie inédits, offrent un très-grand intérêt. Ils se rapportent notamment à la constitution physique du soleil, des planètes, à la photométrie, à des expériences sur la lumière, sur les lames minces, la polarisation, la vitesse des rayons lumineux, etc.

Astronomie populaire (quatre volumes). Ce grand ouvrage est destiné à expliquer aux personnes les plus étrangères aux sciences, l'ensemble de la mécanique céleste et tous les phénomènes qui s'y rattachent. Un grand nombre de figures facilitent l'intelligence des démonstrations scientifiques.

Instructions et Rapports sur les voyages scientifiques (un volume). Indication des questions à résoudre concernant la météorologie, la physique du globe, l'hydrographie et l'art nautique. — Rapport sur l'ensemble des travaux exécutés pendant le voyage de circumnavigation de l'*Uranie*. — Voyage de la *Coquille*, — de la *Chevrette*, — de la *Bonite*, — de la *Vénus*. Tableau des régions arctiques et d'autres pays, etc.

Mélanges, — Rapports et travaux divers, — table générale (un volume).

Nota. De nombreux travaux dus à Arago et qui ne sont pas de nature à prendre place dans ses œuvres complètes, n'en ont pas moins rendu de réels services. Nous en citerons un exemple qui est particulièrement à notre connaissance et dont l'industrie a profité. Arago a fait partie, depuis le 24 mars 1829 jusqu'au 24 avril 1834, du comité consultatif des arts et manufactures, institué auprès du ministère du commerce, pour éclairer l'administration sur les questions techniques exigeant des connaissances spéciales. Dans cette fonction, il a rédigé tantôt seul, tantôt de concert avec ses collègues, des rapports qui échappent naturellement à toute collection, quoique l'auteur y ait réellement mis le cachet de sa personnalité.

TABLE DES MATIÈRES.

Paris. — Imprimerie de Mme SMITH, rue Fontaine-au-Roi, 15.